電気電子工学シリーズ 5

[編集] 岡田龍雄　都甲潔　二宮保　宮尾正信

電子デバイス工学

宮尾正信

佐道泰造 [著]

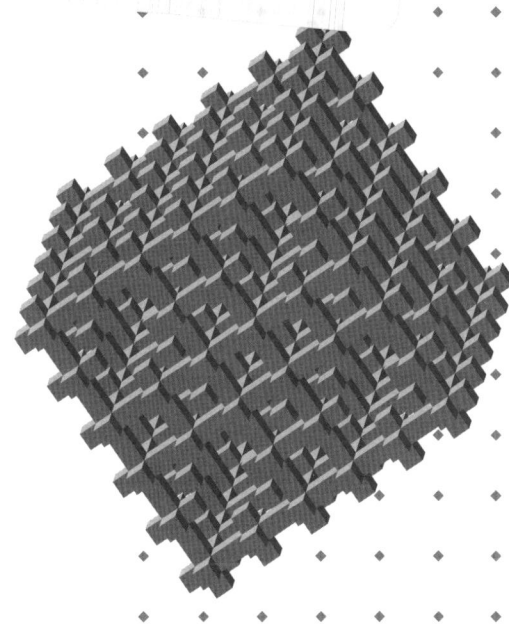

朝倉書店

〈電気電子工学シリーズ〉
シリーズ編集委員

岡田 龍雄	九州大学大学院システム情報科学研究院・教授
都甲　　潔	九州大学大学院システム情報科学研究院・教授
二宮　　保	九州大学大学院システム情報科学研究院・教授
宮尾 正信	九州大学大学院システム情報科学研究院・教授

執筆者

| 宮尾 正信 | 九州大学大学院システム情報科学研究院・教授 |
| 佐道 泰造 | 九州大学大学院システム情報科学研究院・准教授 |

まえがき

　第二次世界大戦の終結後まもなく，ベル研究所のショックレー（Shockley）たちにより半導体を用いたバイポーラ型のトランジスタが発明（1948年）された．20世紀初頭に芽生えた量子論を工学に応用した成功例であり，固体物理の学問体系を築く先駆けともなった業績である．その後，ユニポーラ型の電界効果トランジスタの研究も始まり，ダマー（Dummer）による集積化の概念提唱（1952年），キルビー（Kilby），ノイス（Noyce）たちによる集積回路の試作や特許出願（1959年）を経て大規模集積回路へと発展した．電界効果トランジスタは，トランジスタ寸法を微細化すれば性能が向上するとの特性を有し，現在も，ムーア（Moore）の法則に従い，3年で4倍の高性能化を続けている．

　集積回路を中心とした半導体は，現代のあらゆるエレクトロニクスを支える中心的役割を果たしており，家電製品から自動車，通信システム，コンピュータはもとより，医療やロボット分野などで利用されている．シリコンサイクルといわれる3年から5年周期の好不況の波を繰り返しつつも，21世紀には25兆円を超える市場規模となり"産業の米"となった．反面，研究開発費が膨大化し，各企業が独立で研究開発を続けることが困難となり，各種のコンソーシアムが生まれるとともに，産・官・学が一体となった国家プロジェクトが推進されている．まさに政治・経済とも無縁ではいられない工学分野の一つである．

　本書では，集積回路の中心となるトランジスタの動作原理に焦点を当て詳しく解説した．本書を学んだ後には「電気電子工学シリーズ」の第7巻『集積回路工学』へと勉学を進めてほしい．また，光・磁気・超伝導デバイスなどを取り扱った第6巻『機能デバイス工学』と本書は相補的な関係にある．デバイスの視野を広げる観点から，『機能デバイス工学』も紐解いてほしい．

　本書の想定読者層は大学学部・短期大学・工業高専などの学生諸君である．第1章，第2章では，半導体物性の基本を解説し，第3章以降を理解するための物理的基礎を与えた．第3章から第5章では，バイポーラトランジスタおよ

び電界効果トランジスタの動作を中心に解説した．第6章では大規模集積回路を概観した．トランジスタに関連し，学ぶべき項目は非常に多く，そのすべてを本文中で尽くすことは困難であった．しかし，幸いなことに本文の知識をベースとし，何らかのヒントを与えられれば，読者自身の力で理解することのできるテーマもある．それらを発展問題の形で演習問題に挿入した．比較的詳細な解答を巻末に掲載したので，本文同様の精読をお願いする次第である．

トランジスタの微細化は国内外で盛んに行われ，2010年頃にはトランジスタ寸法が原子間隔の数倍程度になると予想されている．それ以降になると電子に波の性質が現れ，干渉や回折などの量子現象が現れてくる．したがって，トランジスタを単純に微細化して集積回路性能を向上する従来型の研究手法からパラダイムシフトし，微細化に頼らずに高性能化を進める新たな指導原理が必要となる．新世代を切り拓く若き学徒には，半導体やトランジスタに関する深い物理的理解をもち，第1原理から新しいデバイスを考える姿勢をもっていただきたい．トランジスタの発明者であるショックレーの名著『Electrons and Holes in Semiconductors』から半導体を学ぶ心構えをお贈りしたい．

・固体の中に存在する原子種とその配列は何か．
・この配列はどんな機構で生じたのか．
・この配列からいかにして電子の運動が生じ，機能が発現したか．

本書の解説においては，数式に頼らず極力，物理イメージを大切にした説明を試みたつもりである．しかし，著者の浅学非才により意図が十分に実現できたか否かは，はなはだ心許ない．読者のご叱正とご寛容を心からお願いする．

本書の執筆においては，九州大学大学院システム情報科学研究院およびシステム情報科学府に所属する多くの方々にご援助をいただいた．原稿を丁寧に読んでいただき，有益なコメントをいただいた菅野裕士氏（学術研究員），上田公二・田中政典君（博士課程）および図面の作成にご尽力いただいた大賀達夫・木村真幸・中村真紀君（修士課程）にお礼を申し上げる．また，編集ならびに出版では朝倉書店にご指導をいただいた．お礼を申し上げる．

2007年10月

著　者

目　　次

1. 半導体の特徴とエネルギーバンド構造 ……………………… 1
   1.1　半導体の特徴　1
   1.2　エネルギーバンド構造　1
      1.2.1　原子の構造とエネルギー準位　1
      1.2.2　固体の構造とエネルギーバンド　3
      1.2.3　結晶中の電子の運動（有効質量近似）　6
   1.3　エネルギーバンド構造の見方と物性　7

2. 半導体のキャリヤと電気伝導 ……………………………………11
   2.1　真性半導体と外因性半導体　11
      2.1.1　真性半導体のキャリヤ　11
      2.1.2　外因性半導体のキャリヤ　12
   2.2　半導体のフェルミ準位とキャリヤ密度　13
      2.2.1　状態密度とフェルミ準位　13
      2.2.2　キャリヤ密度の導出　16
      2.2.3　pn 積一定の法則　17
      2.2.4　キャリヤ密度の温度依存性　18
   2.3　半導体中の電気伝導　20
      2.3.1　半導体のキャリヤの流れ　20
      2.3.2　キャリヤ連続の式　24

3. pn 接合ダイオードとショットキー障壁ダイオード ……………28
   3.1　pn 接合の物理　28
   3.2　pn 接合の整流性　29
      3.2.1　整流性の原理　29

3.2.2　整流特性の導出　31
3.3　pn接合の静電容量　35
　3.3.1　空乏層幅　35
　3.3.2　空乏層容量　37
3.4　pn接合の逆電圧降伏　38
3.5　ショットキー接触と整流性　39
　3.5.1　ショットキー接触の原理　39
　3.5.2　ショットキー障壁と電流-電圧特性　40

4. バイポーラトランジスタ　45
4.1　基本構造と動作原理　45
4.2　ベース接地回路の電流増幅率　48
　4.2.1　電流増幅率の定義　48
　4.2.2　電流増幅率の物理　49
　4.2.3　電流増幅率の周波数依存性　53
4.3　各種接地回路の電流増幅率　55

5. MOS型電界効果トランジスタ　59
5.1　MOS構造と基本特性　59
　5.1.1　エネルギーバンド構造　59
　5.1.2　容量-ゲート電圧（C-V）特性　64
5.2　MOS型電界効果トランジスタの基本特性　66
　5.2.1　基本構造と動作原理　66
　5.2.2　出力特性　67
　5.2.3　相互コンダクタンス　71
5.3　MOS型電界効果トランジスタの微細化と課題　71

6. 大規模集積回路　76
6.1　大規模集積回路の分類　77
6.2　大規模集積回路の基本回路　79

6.2.1　論理LSI　79
　　　6.2.2　メモリLSI　84

参　考　図　書 ……………………………………………………90
演習問題解答 ……………………………………………………91
索　　　引 ……………………………………………………**107**

1. 半導体の特徴とエネルギーバンド構造

電子デバイスの動作を理解するには，半導体の特徴を知り，その背後に潜む原理を把握することが重要である．本章では，固体のエネルギーバンド構造を通して，半導体物性を統一的に理解するとともに，電気伝導の基本となる有効質量近似を学ぶこととする．

1.1 半導体の特徴

半導体の特徴を下記に列挙する．
(1) 抵抗率が金属などの導体（10^{-8} m 程度）と磁器などの絶縁体（10^{12} Ωm 程度）の中間（$10^{-5} \sim 10^{5}$ Ωm）にある．これが半導体と呼ばれるゆえんである．
(2) 抵抗率は外部擾乱に著しく敏感である．加熱，光照射，わずかの不純物添加（ppm（10^{-6}）オーダー）で抵抗率は大きく減少する．
(3) 添加する不純物の種類によって，電流に寄与する粒子の電荷の正負が異なる．

これらの特徴を利用して，ダイオード，トランジスタ，集積回路などの電子デバイスがつくられている．

1.2 エネルギーバンド構造

1.2.1 原子の構造とエネルギー準位

すべての物質の基本となる原子は，原子核とそれを取りまく**電子**から構成されている．原子の中央に位置する原子核は，正電荷$+q$をもつ陽子と電気的中性の中性子で構成され，電子は負電荷$-q$をもつ素粒子である．qの値

(1.602×10^{-19} C) は電気素量と呼ばれる．それは，どの粒子のもつ電荷量も必ずこの値の整数倍になっているからである．原子番号 Z で記述される原子は，Z 個の陽子と Z 個の電子を有し，全体としては電気的に中性である．

ボーア (Bohr) は，気体放電により放射される光スペクトルの規則性を研究し，原子構造に関する次の仮説（**ボーアの原子モデル**）を提唱した．

「電子は原子核の周囲を円軌道を描きながら回転する．その際，いくつかの限られた，とびとびの軌道だけが許される．」（量子化条件）

図1.1 に示すように，原子核がもつ電荷を Zq，電子の質量を m_e，円軌道の半径を r，速度を v とすると，電子の全エネルギー E は，軌道上の静電ポテンシャルと運動エネルギーの和で表され，次式となる．

$$E = -\frac{Zq^2}{4\pi\varepsilon_0 r} + \frac{m_e v^2}{2} \tag{1.1}$$

ここで，ε_0 は真空の誘電率である．

円運動を行っている電子に働く遠心力は，電子と原子核との間に働くクーロン力と平衡しており，次式が成立する．

$$\frac{m_e v^2}{r} = \frac{Zq^2}{4\pi\varepsilon_0 r^2} \tag{1.2}$$

式 (1.1), (1.2) から v を消去すると全エネルギー E が得られる．

$$E_n = -\frac{m_e Z^2 q^4}{8\varepsilon_0^2 h^2} \cdot \frac{1}{n^2}$$

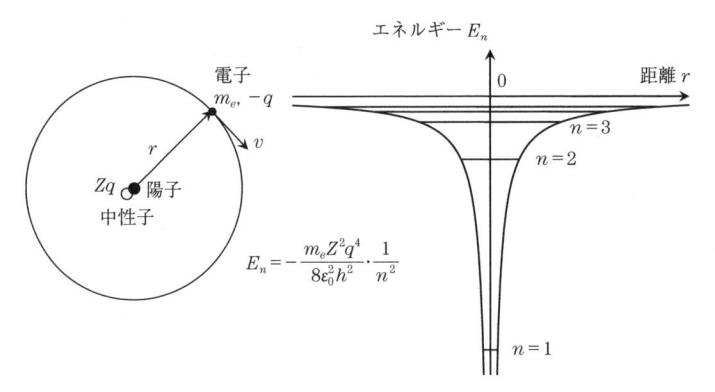

図1.1 ボーアの原子モデルと電子のエネルギー準位
エネルギー準位の間隔は n^2 に反比例する．n が大きくなるにつれ，原子核からの束縛が緩くなり，軌道半径は大きくなる．

$$E = -\frac{Zq^2}{8\pi\varepsilon_0 r} \tag{1.3}$$

円運動を行う粒子の軌道半径 r は，古典力学では連続的に変化することができるが，量子力学では，ボーアの量子化条件を満たすとびとびの軌道のみしか安定に存在することができない．ボーアの量子化条件では，「電子の角運動量は，$h/(2\pi)$（$=\hbar$）の整数倍」となる．

$$m_e v r = n\frac{h}{2\pi} = n\hbar \quad (n = 1, 2, 3, \cdots) \tag{1.4}$$

ここで，h はプランク（Planck）定数である．

式 (1.2)〜(1.4) より，原子核から n 番目の軌道半径 r_n およびその軌道を運動する電子の全エネルギー E_n は，次のようになる．

$$r_n = \frac{\varepsilon_0 h^2}{\pi m_e Z q^2} n^2 \tag{1.5}$$

$$E_n = -\frac{m_e Z^2 q^4}{8\varepsilon_0^2 h^2} \cdot \frac{1}{n^2} \tag{1.6}$$

すなわち，電子の全エネルギーは，離散的な値をとり n^2 に反比例する．n が大きくなるにつれて原子核からの束縛は緩くなり，軌道半径は大きくなる．$n \to \infty$ では，$E_n = 0$，$r_n \to \infty$ となり，電子は自由空間に飛び出すことになる．式 (1.6) のエネルギー値 E_n を**エネルギー準位**，n を主量子数と呼ぶ．

ボーアの原子モデルは，気体放電の発光スペクトルをよく説明したが，スペクトルの微細構造や光の強度比など，解釈のつかないところも残存した．これらの説明には，主量子数に加え，方位量子数（$0, 1, 2, 3, \cdots$）を考慮した定式化が必要である．方位量子数の $0, 1, 2, 3, \cdots$ は，s, p, d, f, $\cdots$ と表記されることが多い．これらの量子数を用いると，各軌道の電子は，エネルギーの低い順に，1s, 2s, 2p, 3s, 3p, 3d, 4s, 4p, 4d, 4f, $\cdots$ と記述される．

1.2.2 固体の構造とエネルギーバンド

実際の結晶では，多数個の原子がごく近接し，それらに属する電子はたがいに影響を及ぼし合っている．図 1.2 (a) に示すように，原子間の距離が長いときは，原子固有の離散的なエネルギー準位（図 1.1 参照）をとるが，原子間

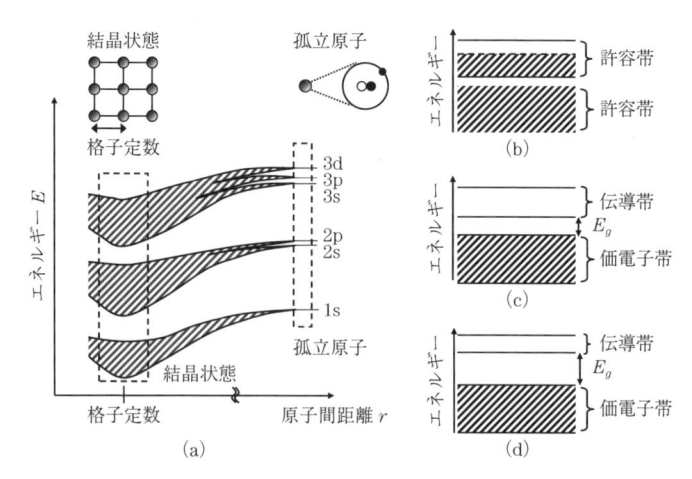

図 1.2 原子の凝集によるエネルギーバンド形成 (a)，金属 (b)，半導体 (c)，絶縁体 (d) のエネルギーバンド

金属では，許容帯が部分的に電子で占められている．半導体のエネルギーギャップ E_g は，絶縁体に比べ小さい．これらのエネルギーバンドにより金属，半導体，絶縁体の多くの物性が統一的に説明される．

距離が短くなると，相互作用が発生し，原子の数に相当する準位に分離する．結晶を構成する原子数は非常に多い（$\sim 10^{28}\,\mathrm{m}^{-3}$）ので，これらの準位は重なり合ってほぼ連続的に分布し，バンド（帯）のようにみえる．これを**エネルギーバンド**と呼ぶ．

原子間距離が格子定数（結晶における原子間隔）と同程度になると，複数個のエネルギーバンドが形成される．これらの電子が存在することの許されるエネルギー範囲を**許容帯**と呼び，許容帯間で電子の存在が許されない範囲を**禁制帯**と呼ぶ．

半導体や絶縁体では，エネルギーバンドに，エネルギーの低い状態から順番に電子をつめていくと，あるバンドまでは，完全に電子で埋められることになる．このうち，最もエネルギーが高いバンドを**価電子帯**と呼ぶ．これらの電子は，エネルギーの少し高いところに空の準位がないため，外部から電界を印加しても動くことができない．したがって，価電子帯に存在する電子は，電気伝導には寄与することができない．価電子帯の直上の，電子が空または一部しかつまっていないエネルギーバンドを**伝導帯**と呼ぶ．伝導帯に存在する電子は，

外部電界で容易に移動して電気伝導に寄与するので，自由電子と呼ばれる．価電子帯と伝導帯のエネルギー差を**禁制帯幅**，あるいは**エネルギーギャップ** E_g と呼ぶ．固体の電子物性を特徴づける重要なパラメータの1つである．

金属，半導体，絶縁体のエネルギーバンドを図1.2 (b), (c), (d) に示す．同図を用いることにより材料間の物質的な特徴が統一的に理解できる．金属 (b) では，部分的に電子で満たされた許容帯があり，そこに自由電子が存在する．したがって，極低温においても電気伝導が発現する．一方，半導体 (c) や絶縁体 (d) の場合には，価電子帯の高エネルギー側に伝導帯が存在している．したがって，加熱，または光照射により，電子が伝導帯に励起され電気伝導に寄与する．半導体のエネルギーギャップ E_g は比較的小さい†．絶縁体の E_g の値はきわめて大きく，室温ではきわめて高い抵抗率となる．

半導体の電気伝導はエネルギーバンドを用いて議論することが多い．この場合，伝導帯と価電子帯を簡略化し，価電子帯の頂と伝導帯の底のみを表示し，その間隔を E_g と表現することが多い．

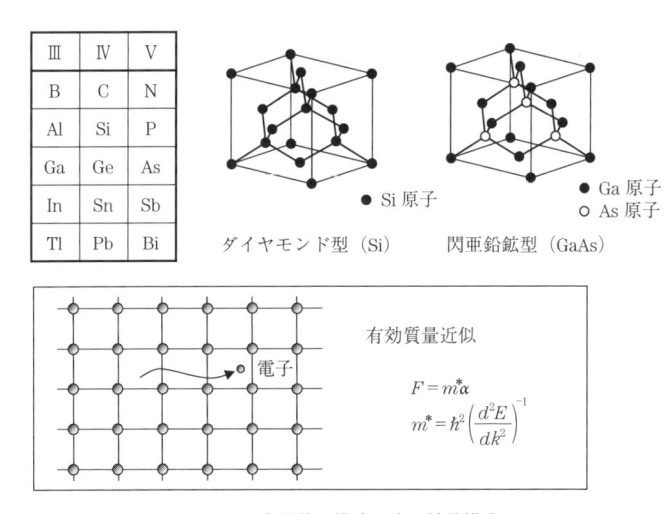

図 1.3 半導体の構成元素と結晶構造
IV族半導体（Si, Ge など）はダイヤモンド構造，III-V族半導体（GaAs, InP など）は閃亜鉛鉱構造をとる．結晶中の電子の運動は，有効質量 m^* を用いれば，ニュートン方程式で記述できる．

---

†代表的な半導体である，Ge（ゲルマニウム），Si（シリコン），GaAs（ガリウムヒ素）の E_g は，それぞれ，約 0.66, 1.1, 1.4 eV 程度であり，絶縁体である SiO_2 の E_g は約 8.8 eV である．

1.2.3　結晶中の電子の運動（有効質量近似）

主要な半導体の構成元素と結晶構造を図 1.3 に示す．IV族元素の単体（Si, Ge など）からなる半導体（IV族半導体）はダイヤモンド型を，またIII-V族元素の化合物（GaAs, InP など）で構成される半導体（III-V族半導体）は閃亜鉛鉱型の結晶構造をとる．これらの結晶，すなわち規則的に配置した原子配列のなかに存在する電子は，周期的ポテンシャルのなかを運動することになる．その様子を模式的に図 1.3 に示した．このような電子の状態は，量子力学的には波動（電子波）として取り扱われ，波動関数で記述される．

結晶中を運動する電子の運動量 p および運動エネルギー E は電子波の波数 k および角周波数 ω を用いて，次式で表される．

$$p = \hbar k \tag{1.7}$$

$$E = \hbar \omega \tag{1.8}$$

したがって，電子波の群速度 $v_g (d\omega/dk)$ は，次式で与えられる．

$$v_g = \frac{1}{\hbar} \frac{dE}{dk} \tag{1.9}$$

いま，電子に外力 F が作用したとする．単位時間になされる仕事 Fv_g は，電子のエネルギーの増加率 dE/dt に等しいので，次式が成り立つ．

$$Fv_g = \frac{dE}{dt} = \frac{dE}{dk} \frac{dk}{dt} \tag{1.10}$$

式 (1.9) を代入すると，次式が得られる．

$$F = \hbar \frac{dk}{dt} \tag{1.11}$$

一方，群速度の式 (1.9) を微分し，式 (1.11) を用いると，加速度 α が次式で与えられる．

$$\alpha = \frac{dv_g}{dt} = \frac{1}{\hbar} \frac{d^2E}{dkdt} = \frac{1}{\hbar} \left(\frac{d^2E}{dk^2} \frac{dk}{dt} \right) = \frac{F}{\hbar^2} \frac{d^2E}{dk^2} \tag{1.12}$$

式 (1.12) を書き直すと，次式が得られる．

$$F = \hbar^2 \left(\frac{d^2E}{dk^2} \right)^{-1} \alpha \tag{1.13}$$

古典論では質量 m の物体は，**ニュートン**（Newton）**方程式** $F = ma$ に従い運動する．結晶の周期ポテンシャルのなかで運動する電子（質量：m_e）の場合，

$$\hbar^2\left(\frac{d^2E}{dk^2}\right)^{-1} = m^* \tag{1.14}$$

と書き表すと，

$$F = m^*\alpha \tag{1.15}$$

が成立する．すなわち，m^* をあたかも質量とした粒子のニュートン方程式として取り扱うことができる．この方法を**有効質量近似**，m^* を**有効質量**と呼ぶ．結晶中の電子の運動を記述するうえで最も基本となる考え方である．

1.3　エネルギーバンド構造の見方と物性

　これまで，電子の運動は結晶のどの方位に対しても等価であると仮定してきた．しかし，結晶構造はすべての方向には対称ではないから電子の運動方向，すなわち電子波の波数ベクトルに応じてエネルギーバンド構造を考える必要がある．GaAs（閃亜鉛鉱構造）と Si（ダイヤモンド構造）のエネルギーバンド構造を，電子のエネルギー（縦軸）と波数（横軸）の関係で整理して模式的に図 1.4 に示す．エネルギーバンド構造の起源は本書の範囲を越えている．ここ

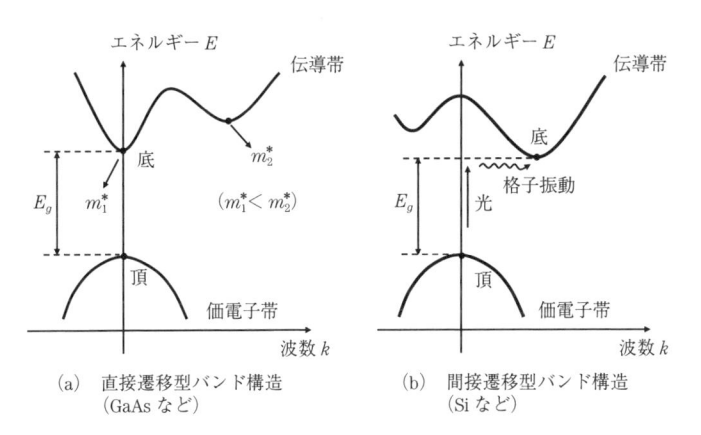

図 1.4　電子のエネルギーと波数の関係で記述したエネルギーバンド構造　第 1 のポイントは，価電子帯の頂と伝導帯の底の波数の関係．一致している場合を直接遷移型バンド構造，不一致の場合を間接遷移型バンド構造と呼ぶ．第 2 のポイントは，バンドの曲がり方の鋭さ．曲率が鋭いほど有効質量は軽い（式 (1.14) 参照）．

では，エネルギーバンド構造の見方と半導体物性との相関についてのみ説明する．

その準備として，電子と光の相互作用を説明する．半導体に E_g 以上のエネルギーを有する光を照射すると，電子は価電子帯の頂から伝導帯へと遷移する．光は，「エネルギーは大きいが，波数は小さい」との特徴を有している．したがって，光と相互作用した電子は，波数変化の少ない伝導帯の領域のみに遷移できる．

図 1.4 において，まず注目すべきは，価電子帯の頂と伝導帯の底の波数である．GaAs では，その両者が一致しているので，光照射による伝導帯の底への遷移が可能となる．このようなバンド構造を有する半導体を**直接遷移型半導体**と呼び，発光ダイオードやレーザなどの光デバイスに用いられている．

Si では，これらの波数は一致していない．したがって，価電子帯の頂から伝導帯の底へと電子が遷移するには，光から得るエネルギーに加え，格子振動とも相互作用し，運動量を授受して波数を変化する必要がある．したがって，遷移確率は小さくなる．このようなバンド構造を有する半導体を**間接遷移型半導体**と呼ぶ．

次に注目すべきは，伝導帯の底および価電子帯の頂のバンドの曲率である．式 (1.14) よりわかるように，伝導帯のバンドの曲がりの鋭さで，電子の有効質量が決定される．一方，式 (1.14) を価電子帯の頂に適用すると負の値が得られる．有効質量を正とすると，これは，電荷の極性が電子とは逆の粒子として解釈することができ，**正孔**と呼ばれる．価電子帯の頂のバンドの曲がりの鋭さで，正孔の有効質量が決定される†．GaAs と Si を比較すると，伝導帯の曲がり方は GaAs の方が鋭く，したがって，電子の有効質量は GaAs の方が軽いことがわかる．また，Si の伝導帯と価電子帯の比較から，正孔よりも電子の方が有効質量が軽いことがわかる．したがって，超高速トランジスタには GaAs を用い，キャリヤを電子とすることが有効である．

バンド構造は，同一の伝導帯内部においても，いくつかの谷構造を有している．GaAs の場合，伝導帯の底（有効質量：m_1^*）以外にも谷（有効質量：m_2^*）が存在し，$m_1^* < m_2^*$ の関係となっている．伝導帯の底にいる電子が外部

---

†正孔については第 2 章で詳しく学ぶ．

電界で加速され，運動エネルギーが増大すると，電子は有効質量 m_2^* の谷へと遷移を始める．その結果，低電界では有効質量が軽いが，高電界では有効質量が重くなる現象が生じる．これを**ガン**（Gunn）**効果**と呼び，高周波の発振回路に利用されている．

演習問題

基本 1 Si の原子番号 Z は 14 である．Si 原子の電子がとりうる軌道を，1s, 2s, 2p, … などの記号を用いて，エネルギーの低い順に列挙せよ．その結果を用いて，Si 原子の価電子数は 4 であることを説明せよ．

基本 2 絶縁体，半導体，金属のエネルギーバンド構造を模式的に示し，(a) 半導体の電気抵抗率が絶縁体と金属の中間にある理由，(b) 半導体と金属では電気抵抗率の温度依存性が異なる理由を説明せよ．

基本 3 半導体のエネルギーバンド構造に関して，以下の問いに答えよ．
(1) 直接遷移型半導体と間接遷移型半導体のエネルギーバンド構造を，縦軸をエネルギー E，横軸を波数 k として模式的に表示せよ．同図を参考にして，発光デバイスには直接遷移型半導体の方が好適である理由を説明せよ．
(2) 直接遷移型半導体および間接遷移型半導体に該当する半導体の化学式を，それぞれ 1 つずつ例示せよ．

基本 4 GaAs のエネルギーギャップ E_g は 1.4 eV (2.2×10^{-19} J) である．伝導帯の底の電子が価電子帯の頂に遷移するときに放出される光子の波長を求めよ．ただし，プランク定数は 6.6×10^{-34} Js，光の速さは 3.0×10^8 m/s とする．

発展 1 $Si_{1-x}Ge_x$ や $GaAs_{1-x}P_x$ などのように，2 種類以上の半導体が均一に混じり合った半導体を**混晶半導体**と呼ぶ．ここで x は $0 \leq x \leq 1$ の値をとり，混晶比と呼ばれる．この値を変えることにより，混晶半導体の格子定数 a やエネルギーギャップ E_g を変化することができる．$Si_{1-x}Ge_x$ ($0 \leq x \leq 1$) を例にとり，混晶比 x を変化させると a および E_g がどのように変化するかを考察せよ．ただし，Si および Ge の a は，それぞれ 0.543 および 0.565 nm，E_g は，それぞれ 1.12 および 0.66 eV とする．

2. 半導体のキャリヤと電気伝導

　半導体中に存在する**キャリヤ**（電子と正孔）が空間を移動することにより，電流が生じる．本章では，まず電子と正孔がどのような機構でどの程度の数だけ発生するかを統計力学の知見をベースに定量的に学ぶことにする．その後，キャリヤが移動する機構を学び，電流と関連づけることにする．半導体デバイスの特性を理解するうえで基本となる重要な章である．

2.1 真性半導体と外因性半導体

2.1.1 真性半導体のキャリヤ

　不純物を含まない半導体を**真性半導体**と呼ぶ．SiやGeなどのIV族半導体では，原子が三次元的に共有結合を組み，結晶化している（図1.3参照）．Siの真性半導体について，共有結合を二次元的に模式化するとともに，エネルギーバンド図と対比し，図2.1 (a) に示す．エネルギーギャップ E_g は共有結合の強さと相関し，Siの場合には約 $1.1\,\mathrm{eV}$ である．十分な熱エネルギーが得られると，電子は共有結合から解放される．エネルギーバンド図では，電子が価電子帯から伝導帯へと熱励起され，自由電子（●）が伝導帯に，電子の抜け穴（○）が価電子帯にできた状況となる．電子の抜け穴を**正孔**と呼び，この反応を**電子・正孔対生成**と呼ぶ．電子の抜け穴には，他の価電子が移ることができ，その跡には，再び抜け穴が生じる．すなわち，正の電荷が価電子とは反対方向に移動する現象が生じる．これが電子の抜け穴を正孔と呼ぶゆえんである．

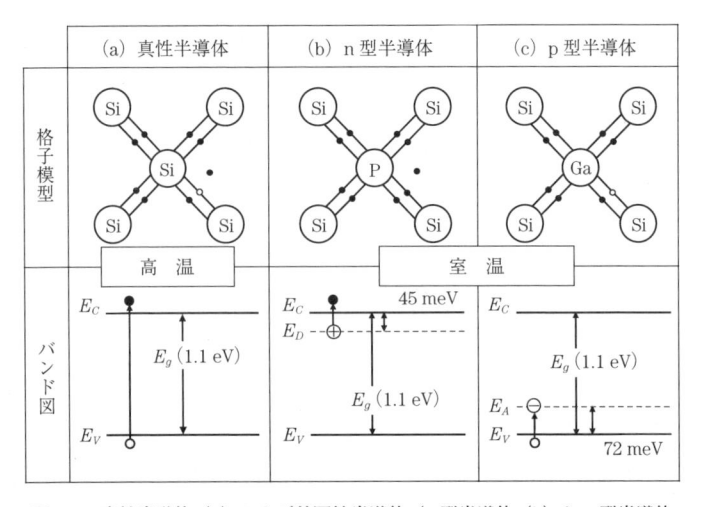

図 2.1 真性半導体 (a) および外因性半導体 (n 型半導体 (b) と p 型半導体 (c)) の共有結合とエネルギーバンドの模式図

真性半導体を加熱すると，熱励起により電子・正孔対が生成される．外因性半導体では，室温においてもドナー不純物は電子を放出して正に帯電し，アクセプタ不純物は正孔を放出して（電子を受け取って）負に帯電する．おのおのを⊕と⊖で模式的に示す．

2.1.2 外因性半導体のキャリヤ

IV族半導体にV族元素（P, As, Sb など），あるいはIII族元素（B, Al, Ga, In など）を不純物として添加すると，室温においても自由電子あるいは正孔が発生する．このような不純物を含んだ半導体を**外因性半導体**と呼ぶ．

V族元素であるPを添加した例を図 2.1 (b) に示す．P原子は結晶格子を組むSi原子と置換して格子点に入る．最外殻の価電子（5個）のうち，4個は隣接するSi原子と共有結合を形成し，残りの価電子（1個）は，P原子の周囲に束縛された状態となる．束縛エネルギーは 45 meV 程度と小さく，室温程度の熱エネルギーで解放され自由電子となり，電子を1個失ったP原子は正に帯電する（イオン化）．このように自由電子を放出する元素を**ドナー不純物**，ドナー不純物の添加により自由電子が増加した半導体を**n 型半導体**と呼ぶ．n 型は，キャリヤの電荷が**負**（negative）であることを示している．エネルギーバンド図では，伝導帯から束縛エネルギー（45 meV 程度）だけ下の位置にドナー準位を記載し，自由電子を●で示すとともに，電子を失い正に帯電（イオ

ン化)した P 原子を ⊕ で示す．

　一方，Ⅲ族元素である Ga を添加し，Si 原子と置換した状態を図 2.1 (c) に示す．Ga 原子は最外殻に 3 個の価電子しかもたないので，隣接する 4 個の Si 原子と共有結合を組むと，価電子が 1 個不足する．これは，1 個の正孔が Ga 原子の周囲に束縛された状態とみなせる．正孔の束縛エネルギーは 72 meV 程度と小さく，室温程度の熱エネルギーで解放され，Ga 原子は負に帯電する．このように正孔を放出する元素を**アクセプタ不純物**，正孔が増加した半導体を **p 型半導体**と呼ぶ．p 型はキャリヤの電荷が**正**（positive）であることを示している．エネルギーバンド図では，価電子帯のすぐ上（72 meV）にアクセプタ準位を記載し，負に帯電（イオン化）した Ga 原子を ⊖ で示すとともに，価電子帯の正孔を ○ で示す．

　室温の n 型半導体を考えると，伝導帯にはドナー準位と価電子帯から熱励起された多数の自由電子が存在し，価電子帯には少数の正孔が存在する．一方，p 型半導体には，多数の正孔と少数の自由電子が存在する．n 型半導体中の自由電子，p 型半導体中の正孔など，半導体中で多数を占めるキャリヤを**多数キャリヤ**と呼び，n 型半導体中の正孔，p 型半導体中の自由電子を**少数キャリヤ**と呼ぶ．

2.2 半導体のフェルミ準位とキャリヤ密度

2.2.1 状態密度とフェルミ準位

　エネルギーバンド図において，あるエネルギー E を有する電子の密度 $n(E)$ は，**状態密度** $N(E)$ と**フェルミ-ディラック**（Fermi-Dirac）**分布関数** $f(E)$ の積で与えられる．

$$n(E) = N(E) \cdot f(E) \qquad (2.1)$$

状態密度，フェルミ-ディラック分布関数，および電子密度を，図 2.2 (a), (b), (c) に示す．

　状態密度とは，単位体積，単位エネルギー当たりに電子が入りうる席の数であり，価電子帯，伝導帯，不純物準位（ドナー準位，アクセプタ準位）において，有限の値をもつ．伝導帯，価電子帯の状態密度は，それぞれ次式で与えら

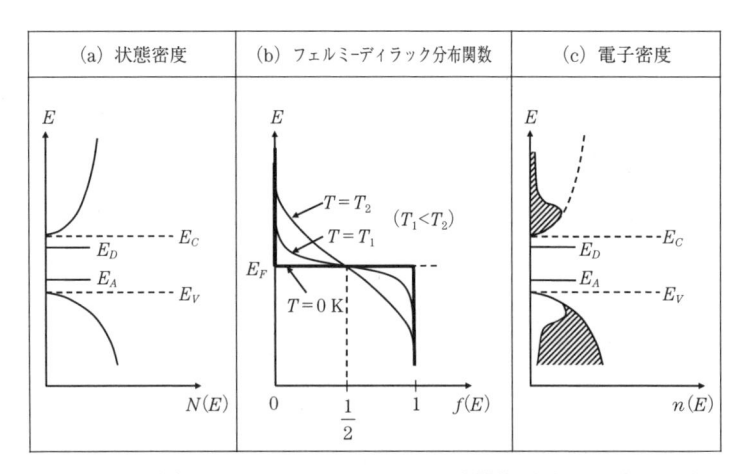

図 2.2 状態密度 $N(E)$，フェルミ-ディラック分布関数 $f(E)$ および両者の積で求められる電子密度 $n(E)$
$f(E)$ に含まれる E_F は，不純物密度および温度により変化する（図 2.3 参照）．
(c) のハッチングは，電子が占有している状態を示す．

れる．

$$N(E) = \frac{1}{2\pi^2\hbar^3}(2m_n^*)^{3/2}(E - E_C)^{1/2} \tag{2.2}$$

$$N(E) = \frac{1}{2\pi^2\hbar^3}(2m_p^*)^{3/2}(E_V - E)^{1/2} \tag{2.3}$$

ここで，m_n^*, m_p^* は電子，正孔の有効質量，E_C, E_V は伝導帯の底，価電子帯の頂のエネルギーである．

フェルミ-ディラック分布関数 $f(E)$ は，エネルギー E における電子の存在確率を示し，式 (2.4) で与えられる．正孔の存在確率は，電子の存在しない確率であるから $1-f(E)$ となる．

$$f(E) = \frac{1}{1+\exp\left(\dfrac{E-E_F}{kT}\right)} \tag{2.4}$$

ここで，E_F は**フェルミ（Fermi）準位**，k は**ボルツマン（Boltzmann）定数**，T は絶対温度である．$f(E)$ は絶対零度では矩形状であるが，温度の上昇とともになだらかな曲線となり，エネルギーの高い準位に電子の存在する確率が

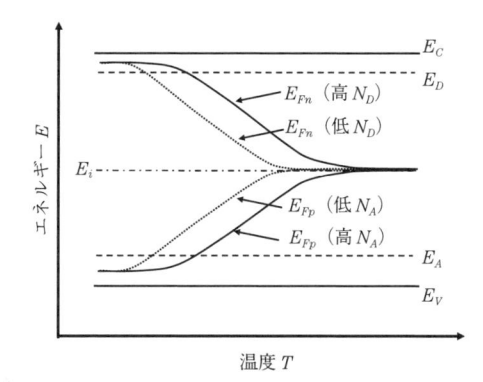

図 2.3 自由電子密度と正孔密度の比を表す指標であるフェルミ準位の温度依存性

n型半導体，p型半導体のフェルミ準位 (E_{Fn}, E_{Fp}) は，低温ではそれぞれ伝導帯の底 E_C とドナー準位 E_D の間，価電子帯の頂 E_V とアクセプタ準位 E_A の間に位置する．高温では，電子・正孔対の密度が不純物密度をはるかに上回るため，E_{Fn} と E_{Fp} は E_i に一致する．

増してくる（図 2.2 (b)）．

フェルミ準位とは，電子の存在確率が 1/2 となるエネルギー値であり，不純物密度および温度で変化する．その状況を図 2.3 に示す．真性半導体では，電子と正孔が対となり生成されるから，E_F は禁制帯のほぼ中央となる．これを E_i と表示し，**真性フェルミ準位**と呼ぶ．n型半導体のフェルミ準位 E_{Fn} と p型半導体のフェルミ準位 E_{Fp} は，低温ではそれぞれ伝導帯の底 E_C とドナー準位 E_D の間，価電子帯の頂 E_V とアクセプタ準位 E_A の間に位置する．半導体の温度が上昇し，価電子帯の電子が熱励起され始めると，E_{Fn} と E_{Fp} は次第に禁制帯の中央へと移動する．高温領域では，電子・正孔対の密度が不純物密度をはるかに上回るため，E_{Fn} と E_{Fp} は E_i に一致する．（より詳細には，式 (2.15) で学ぶこととする．）

フェルミ準位は，直観的には半導体中の自由電子密度と正孔密度の比を表す指標と考えることができる．すなわち，$E_F > E_i$ であれば半導体が n 型の状態に，$E_F < E_i$ であれば p 型の状態にあることを示している．したがって，半導体中の不純物密度が変化すると E_F の値が変化し，その結果，式 (2.1) を通

してキャリヤ密度が変化すると理解することができる．

2.2.2 キャリヤ密度の導出

自由電子密度は式 (2.1) を伝導帯のエネルギー領域（$E>E_c$）で積分することにより求められる．E は E_c 以上であるから，一般的な半導体においては，$E-E_F \gg kT$ の条件を満たすことが多い．したがって，式 (2.4) のフェルミ-ディラック分布関数は，次式のように**ボルツマン分布**で近似できる．

$$f(E) \fallingdotseq \exp\left(\frac{-(E-E_F)}{kT}\right) \tag{2.5}$$

このとき，自由電子密度 n は，

$$\begin{aligned} n &= \int_{E_c}^{\infty} N(E) \cdot f(E) \, dE \\ &\fallingdotseq 2\left(\frac{m_n^* kT}{2\pi \hbar^2}\right)^{3/2} \exp\left(\frac{-(E_c-E_F)}{kT}\right) \end{aligned} \tag{2.6}$$

と算出されるから，

$$2\left(\frac{m_n^* kT}{2\pi \hbar^2}\right)^{3/2} = N_c \tag{2.7}$$

と置き換えて

$$n = N_c \exp\left(\frac{-(E_c-E_F)}{kT}\right) \tag{2.8}$$

が得られる．

N_c は，伝導帯のすべての電子が $E=E_c$ のエネルギー準位にあると考えたときの実効的な状態密度であり，**有効状態密度**と呼ばれる．

この概念を用いるとキャリヤ密度の温度変化を直感的に理解することができる．絶対零度では，$E=E_F$ の準位まで電子が完全につまっており，それよりも (E_c-E_F) だけ高い準位に電子の入っていない有効状態密度 N_c を想定する．温度の上昇とともに電子が有効状態密度のなかに入り始めるが，その電子密度は有効状態密度 N_c とボルツマン分布の積となる．自由電子密度の計算を行う場合，今後は式 (2.1) に戻る必要はなく，直接，式 (2.8) を用いればよい．本書において何度も用いられる非常に重要な式である．

価電子帯の正孔密度は，同様にして次式で与えられる．

$$p = N_V \exp\left(\frac{-(E_F - E_V)}{kT}\right) \tag{2.9}$$

$$N_V = 2\left(\frac{m_p^* kT}{2\pi \hbar^2}\right)^{3/2} \tag{2.10}$$

N_V を正孔に対する価電子帯の有効状態密度と呼ぶ．

2.2.3 pn 積一定の法則

式 (2.8) と式 (2.9) の積をとると，E_F が消去され次式が得られる．

$$pn = N_V N_C \exp\left(\frac{-E_g}{kT}\right) = 一定 \tag{2.11}$$

したがって，半導体中の正孔密度と自由電子密度の積（pn 積）は，正孔と電子の有効質量（m_n^*, m_p^*），エネルギーギャップ E_g および絶対温度 T で記述されることがわかる．すなわち，半導体の種類と温度が決まれば，pn 積は一定となる．**pn 積一定の法則**と呼ばれ，真性半導体，外因性半導体を問わず成立し，キャリヤ密度の解析において重要となる法則である．

真性半導体では，$n = p$ であるから，それらを真性キャリヤ密度 n_i と表現すると $pn = n_i^2$ となる．したがって，式 (2.11) より，

$$n_i = \sqrt{pn} = \sqrt{N_V N_C} \exp\left(\frac{-E_g}{2kT}\right) \tag{2.12}$$

が得られる．

Si および Ge を例にとり，N_C, N_V, E_g の値を代入すると，室温（300 K）における真性キャリヤ密度は $1.5 \times 10^{16}\,\mathrm{m^{-3}}$ (Si)，$2.4 \times 10^{19}\,\mathrm{m^{-3}}$ (Ge) となる．原子密度（Si：$5.0 \times 10^{28}\,\mathrm{m^{-3}}$，Ge：$4.4 \times 10^{28}\,\mathrm{m^{-3}}$）と比較すると，$10^{12}$ 個の Si 原子（10^9 個の Ge 原子）当たり 1 個の割合でしか，電子・正孔対が存在していないこととなる．したがって，ppm（10^{-6}）オーダーの不純物を混入するとキャリヤ密度が大幅に変化することになる．半導体が"不純物敏感"といわれるゆえんがここにある（1.1 節参照）．

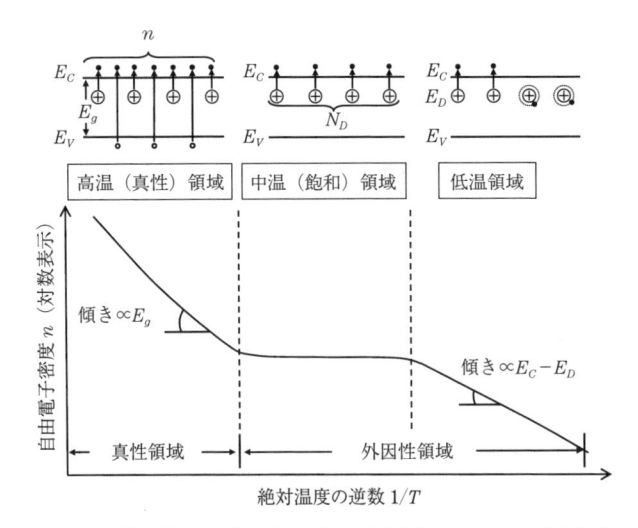

図 2.4 n 型半導体中の自由電子密度の温度変化とキャリヤの発生機構
低温領域,高温領域の電子密度曲線の傾きから,E_C-E_D, E_g が求められる.電子が熱励起され,イオン化したドナー準位を⊕で示している.

2.2.4 キャリヤ密度の温度依存性

ドナー不純物（エネルギー準位：E_D，密度：N_D）を添加した n 型半導体のバンド図とキャリヤの分布を模式的に図 2.4 に示す.同図を用いて,自由電子密度 n の温度変化を直観的に理解することにする.

絶対零度のとき,すべての電子はドナー準位と価電子帯に存在し,伝導帯には自由電子は存在しない.温度が上昇し始めると,ドナー準位から電子が次第に熱励起され,自由電子が増加し,ドナー不純物はイオン化されてゆく〔低温領域〕.中温領域になると,ドナー不純物のすべてはイオン化されるため,自由電子の密度は飽和する〔中温領域,あるいは飽和領域〕.さらに温度が上がり,高温領域になると,価電子帯からの熱励起が顕在化し,自由電子の密度は再び増加する〔高温領域,あるいは真性領域〕.

以上の現象を定量的に考察する.ドナー準位から熱励起された自由電子の密度 n_D は,電子を失ったドナー不純物の密度に等しいので,フェルミ–ディラック分布関数を用いて次式で与えられる.

$$n_D = N_D[1-f(E_D)] \tag{2.13}$$

一方,価電子帯から熱励起された自由電子の密度は,半導体中の正孔密度 p に等しい.したがって,半導体中の自由電子密度 n は次式で与えられる.

$$n = n_D + p \tag{2.14}$$

式 (2.14) に式 (2.8), (2.13), (2.9) を代入すると次式が得られる.

$$N_C \exp\left(\frac{-(E_C - E_F)}{kT}\right) = N_D \left(\frac{1}{1 + \exp\left(\frac{E_F - E_D}{kT}\right)}\right) + N_V \exp\left(\frac{-(E_F - E_V)}{kT}\right) \tag{2.15}$$

この式を解き,フェルミ準位を不純物密度や温度の関数として求めると,図2.3が得られる.その値を式 (2.8) に代入することによりキャリヤ密度が求められる.

E_F を一般解の形で示すことは困難であるため,図2.4の各温度領域に分けて表すことにする.

低温領域では,$p \fallingdotseq 0$, $E_F - E_D > kT$ であることを考慮して解くことができる.その結果,次式が得られる.

$$E_F = \frac{1}{2}(E_D + E_C) - \frac{1}{2}kT \ln \frac{N_C}{N_D} \tag{2.16}$$

これを式 (2.8) に代入すれば,自由電子の密度が求められる.

$$n = n_D = \sqrt{N_C N_D} \exp\left(\frac{-(E_C - E_D)}{2kT}\right) \tag{2.17}$$

中温領域(飽和領域)では,$n \fallingdotseq n_D \fallingdotseq N_D$ の関係が成立する.これを考慮して式 (2.15) を解くと,

$$E_F = E_C - kT \ln\left(\frac{N_C}{N_D}\right) \tag{2.18}$$

となる.

高温領域(真性領域)では,価電子帯から熱励起された自由電子が支配的になり,$n \fallingdotseq p \gg n_D$ の関係が成立する.したがって,E_F は真性半導体のフェルミ準位と同じとなり次式が得られる.

$$E_F = \frac{E_V + E_C}{2} - \frac{3}{4}kT \ln\left(\frac{m_n^*}{m_p^*}\right) \tag{2.19}$$

自由電子密度は真性キャリヤ密度とほぼ等しくなり,式 (2.12) で与えられ

る．これが，高温領域を真性領域と呼ぶゆえんである．

　自由電子密度（対数表示）の温度変化（絶対温度の逆数）を模式的に図 2.4 に示している．半導体中の電気伝導を理解するうえで，きわめて重要な図である．式 (2.17), (2.12) からわかるように，低温領域，高温領域の電子密度曲線の傾きから，伝導帯の底とドナー準位とのエネルギー差（$E_C - E_D$）およびエネルギーギャップ E_g が求められる．

2.3　半導体中の電気伝導

2.3.1　半導体のキャリヤの流れ

a.　ドリフト電流と移動度

　半導体中のキャリヤは周囲の熱エネルギーを受け取り，結晶格子や不純物原子と衝突しながら，ブラウン運動を行っている．この半導体に外部から電界 $\mathscr{E}$ (V/m) を印加すると，正孔は電界方向に，自由電子は逆方向に加速される．しかし，ある時間だけ加速されると，キャリヤは結晶格子などと衝突し，その速度を失う．衝突から次の衝突までの時間を**平均自由時間**（**衝突緩和時間**）$\langle \tau \rangle$ と呼ぶ．キャリヤは加速と衝突を繰り返した結果，図 2.5 に示すように，外部電界に比例した一定の速度で移動（ドリフト）する．

　自由電子の**ドリフト速度** v_d (m/s) は，次式で表される．

$$v_d = -\mu_n \mathscr{E} \tag{2.20}$$

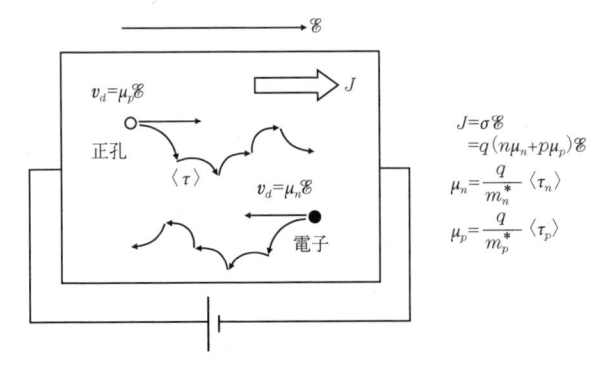

図 2.5　電界による電子と正孔のドリフト電流
キャリヤの移動度は有効質量に反比例し，平均自由時間に比例する．

比例係数 μ_n は電子の**ドリフト移動度**と呼ばれ，$(m^2V^{-1}s^{-1})$ の単位で表される．より微視的には，

$$\mu_n = \frac{q}{m_n^*}\langle \tau_n \rangle \tag{2.21}$$

で与えられ，半導体の種類および結晶性・不純物原子に依存した m_n^* および $\langle \tau_n \rangle$ で記述される電子の動きやすさを示す物理量である．

ドリフト電流の密度 J (A/m^2) は自由電子の密度 n (m^{-3}) を用いて，

$$J = -qnv_d = qn\mu_n \mathscr{E} = \sigma \mathscr{E} \tag{2.22}$$

で与えられる．σ $(=en\mu_n)$ は，**導電率**（単位：S/m）と呼ばれ，その逆数が**抵抗率** ρ (Ωm) である．

正孔では，正電荷が外部電界と同方向にドリフトするので，式 (2.20) の負符号を正符号に変える必要がある．したがって，自由電子と正孔が共存する場合には，抵抗率 ρ は次式で表される．

$$\rho = \frac{1}{\sigma} = \frac{1}{q(n\mu_n + p\mu_p)} \tag{2.23}$$

ここで，p は正孔の密度，μ_p は正孔の移動度である．

b. 移動度の物理

半導体中をドリフト移動するキャリヤの散乱機構には，主として格子散乱と，イオン化不純物散乱がある．それらを模式的に図 2.6 に示す．

格子散乱は，熱エネルギーで振動している格子位置の Si 原子とキャリヤが衝突することにより生じる．格子の振動は高温ほど激しくなるので，温度の上昇とともに格子散乱は顕著となる．散乱確率 $(1/\langle \tau \rangle)$ は $T^{1.5}$（T：絶対温度）に比例するため，格子散乱で決まる移動度 μ_L は，次の温度依存性を示す．

$$\mu_L \propto T^{-1.5} \tag{2.24}$$

イオン化不純物散乱は，イオン化した不純物とキャリヤがクーロン相互作用しキャリヤの進路が曲げられることにより生じる．キャリヤの微視的な速度は高温ほど熱エネルギーを得て速くなるので，温度の上昇とともにクーロン相互作用の束縛から離脱しやすくなる．散乱確率 $(1/\langle \tau \rangle)$ は $T^{-1.5}$ に比例するため，イオン化不純物散乱で決まる移動度 μ_I は，次の温度依存性を示す．

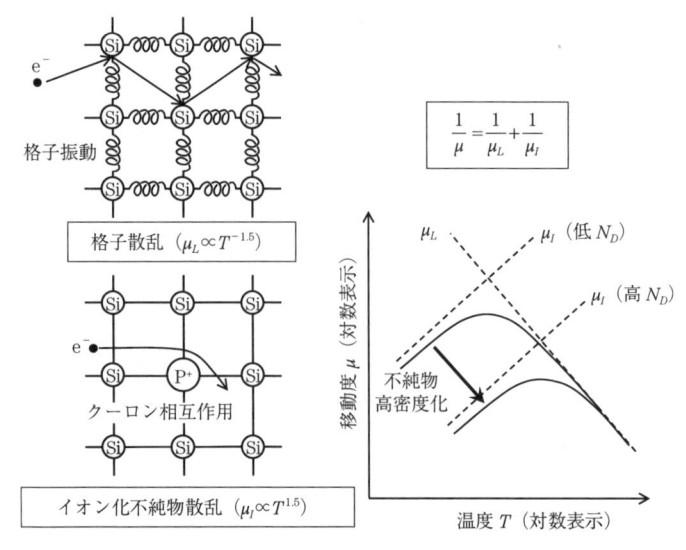

図 2.6 主なキャリヤ散乱機構とキャリヤ移動度 μ の温度変化
格子振動を模式的にバネで示している．移動度の逆数は，おのおのの散乱機構で決まる移動度の逆数の和で与えられる．不純物が高密度化すると低温領域の移動度が低下する．

$$\mu_I \propto T^{1.5} \tag{2.25}$$

半導体中には，格子散乱，イオン化不純物散乱のほかにも，中性不純物散乱などが存在する．複数の散乱機構が共存する場合，キャリヤの散乱確率はおのおのの散乱確率の和で与えられるから，移動度は次式となる．

$$\frac{1}{\mu} = \frac{1}{\mu_L} + \frac{1}{\mu_I} + \cdots \tag{2.26}$$

したがって，図 2.6 に示すように，半導体の移動度は，ある温度でピークを示すことになる．また，不純物密度が増加すると，イオン化不純物散乱が顕著となり，低温領域の移動度が低下する．

c. 拡散電流

半導体中に存在するキャリヤ密度が空間的に不均一な場合，キャリヤ密度を一様にするため，キャリヤが拡散し，**拡散電流**が発生する．その状況を図 2.7 に示す．キャリヤは密度の高い方から低い方へ流れ，流れの大きさは密度の勾配に比例する．したがって，ある点 x における電子密度を $n(x)$ とすると，

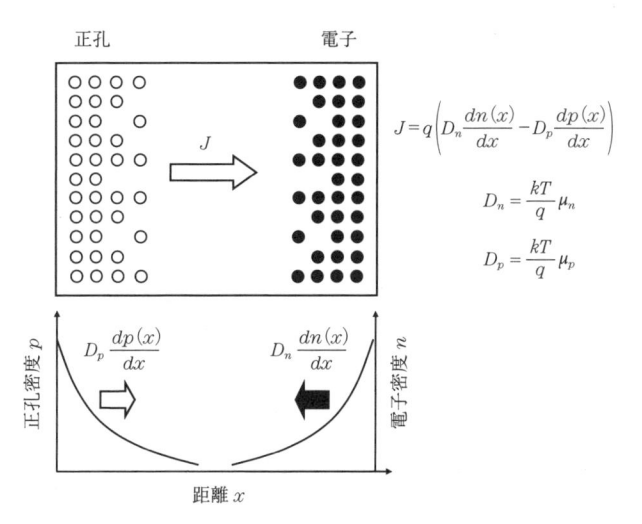

図2.7 キャリヤ密度の勾配に比例してキャリヤの流れ（拡散電流）が生じる様子 その比例係数が拡散係数（D_n, D_p）であり，ドリフト移動度（μ_n, μ_p）と比例する．

拡散電流 J_n は，

$$J_n = -qD_n\left(-\frac{dn(x)}{dx}\right) = qD_n\frac{dn(x)}{dx} \tag{2.27}$$

と記述される．ここで，D_n（m²/s）を電子の拡散係数と呼ぶ．拡散は熱エネルギーにより生じる現象であるから，拡散係数は温度が高くなれば大きな値となる．同様に，正孔密度 $p(x)$ が空間的に不均一な場合，次式で表される正孔の拡散電流が生じる．

$$J_p = -qD_p\frac{dp(x)}{dx} \tag{2.28}$$

ここで，D_p（m²/s）は正孔の拡散係数である．

拡散係数はキャリヤの拡散のしやすさを示す指標であるから，キャリヤの移動度と比例し，次式の関係が成立する．

$$D_n = \frac{kT}{q}\mu_n \tag{2.29}$$

$$D_p = \frac{kT}{q}\mu_p \tag{2.30}$$

これを**アインシュタイン**（Einstein）**の関係**と呼ぶ．

d. 電流密度の式

ドリフト電流と拡散電流が共存する場合，自由電子による電流および正孔による電流密度（J_n, J_p）は次式で与えられる．

$$J_n = qn\mu_n \mathscr{E} + qD_n \frac{dn(x)}{dx} \qquad (2.31)$$

$$J_p = qp\mu_p \mathscr{E} - qD_p \frac{dp(x)}{dx} \qquad (2.32)$$

したがって，半導体を流れる全電流密度 J は次式となる．

$$J = J_n + J_p \qquad (2.33)$$

半導体デバイスの動作を解析するうえで基本となる式である．

2.3.2 キャリヤ連続の式

熱平衡状態の半導体に電圧を印加し，電流を流せばキャリヤが搬入される．また，バンドギャップよりも大きなエネルギー（$h\nu$）をもつ光を照射すれば電子・正孔対が生成される．これらの過剰キャリヤは，十分な時間経過後に，電子と正孔が再結合して消滅し，キャリヤ密度は熱平衡時の値にもどる．一般に，電流や光照射で増加するキャリヤ密度は，半導体に添加されているドナー不純物やアクセプタ不純物の密度に比べ，非常に小さい．したがって，少数キャリヤの密度変化は顕著となるが，多数キャリヤの密度変化は無視できる．少数キャリヤの密度変化を理解することは，半導体デバイス，特にバイポーラトランジスタの動作特性を解析するうえで重要である．

いま，図2.8に示すように，n型半導体の微小領域（$x \sim x+dx$）における正孔の流れを考える．電流で搬入される正孔密度の時間的変化率を Q_p，光照射による正孔の生成速度を G_p，電子と再結合して消滅する正孔の消滅速度を U_p とすると，正孔密度 $p(x,t)$ の時間的変化率は次式で与えられる．

$$\frac{\partial p(x,t)}{\partial t} = Q_p + G_p - U_p \qquad (2.34)$$

ここで，

2.3 半導体中の電気伝導

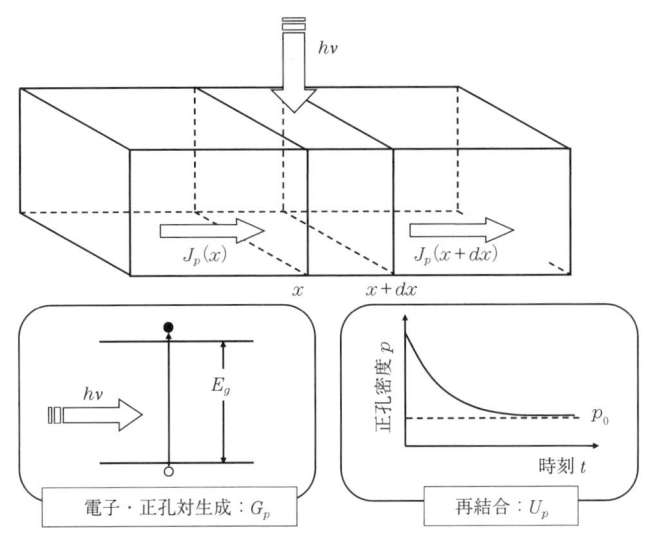

図 2.8 n 型半導体における正孔の流れ
微小領域 ($x \sim x+dx$) の正孔密度の時間的変化率 $\partial p(x,t)/\partial t$ は，正孔の生成速度 G_p，電流による搬入速度 Q_p，消滅速度 U_p で与えられる．

$$Q_p = -\frac{1}{q}\frac{\partial J_p(x)}{\partial x} \tag{2.35}$$

$$U_p = \frac{p(x,t) - p_0(x)}{\tau_p} \tag{2.36}$$

であり，$p_0(x)$ は熱平衡状態の正孔密度，τ_p は正孔の寿命（正孔が電子と再結合し，消滅するまでの時間）である．式 (2.34)～(2.36) に式 (2.32) を代入することにより次式が得られる．

$$\frac{\partial p(x,t)}{\partial t} = \left(D_p \frac{\partial^2 p(x,t)}{\partial x^2} - \mu_p \mathscr{E} \frac{\partial p(x,t)}{\partial x}\right) + G_p - \frac{p(x,t) - p_0(x)}{\tau_p} \tag{2.37}$$

同様に，p 型半導体中の電子密度の時間的変化率は次式で与えられる．

$$\frac{\partial n(x,t)}{\partial t} = \left(D_n \frac{\partial^2 n(x,t)}{\partial x^2} + \mu_n \mathscr{E} \frac{\partial n(x,t)}{\partial x}\right) + G_p - \frac{n(x,t) - n_0(x)}{\tau_n} \tag{2.38}$$

ここで，$n_0(x)$ は熱平衡状態の電子密度，τ_n は電子の寿命である．これら 2 つの式 (2.37), (2.38) を**キャリヤ連続の式**と呼ぶ．

演習問題

基本1 n型Siの電気的特性に関して，以下の問いに答えよ．
(1) Siの電気伝導をn型としたい．Siに導入すべきドナー不純物の元素記号を2つ例示せよ．
(2) キャリヤ密度nの対数を縦軸に，絶対温度Tの逆数を横軸にとり，両者の関係を模式的に図示せよ．
(3) 前項(2)で求めた模式図を用い，(a) 伝導帯の底とドナー準位とのエネルギー差，(b) エネルギーギャップE_gを求める方法を説明せよ．

基本2 半導体の電気的特性に関して，以下の問いに答えよ．ただし，電気素量は$1.6×10^{-19}$ Cとし，室温でのSiの真性キャリヤ密度は$1.5×10^{16}$ m^{-3}とする．
(1) 長さ$6.0×10^{-2}$ mのn型Si結晶の両端に30 Vの電圧を加えた．このときの電子のドリフト速度および電子が両端を移動するのに要する時間を求めよ．ただし，電子移動度は0.14 m^2/Vsとする．
(2) 長さ$3×10^{-2}$ mの半導体結晶の一端から少数キャリヤを注入したところ，長さ方向に10^{-3} m離れた点までドリフトするのに8.32 μsを要した．キャリヤの移動度を求めよ．ただし，印加電圧は25 Vである．
(3) $2×10^{19}$ m^{-3}のリン(P)原子を含むn型Si結晶がある．このSi結晶中の室温における電子および正孔の密度を求めよ．
(4) $4×10^{19}$ m^{-3}のボロン(B)原子と$2×10^{19}$ m^{-3}のリン(P)原子を含むSi結晶がある．このSi結晶中の室温における電子および正孔の密度を求めよ．
(5) $1×10^{22}$ m^{-3}のP原子を含むn型Si結晶がある．室温の抵抗率は$5×10^{-3}$ Ωmであった．室温における電子移動度を求めよ．
(6) $1×10^{24}$ m^{-3}のP原子を含むn型Si結晶がある．電子移動度(室温)の値は，前項(5)で求めた値よりも高いか，低いか，理由とともに答えよ．

基本3 下表のように，ドナー不純物(密度：N_D)とアクセプタ不純物(密度：N_A)を同時に含むSi試料がある．以下の問いに答えよ．

試料番号	(a)	(b)	(c)	(d)	(e)	(f)	(g)
N_D (×10^{21} m^{-3})	9	6	3	30	5	9	0
N_A (×10^{21} m^{-3})	5	0	9	0	9	3	20

(1) 上記の試料をn型Siとp型Siに分類し，室温における電子密度と正孔密度を計算せよ．ただし，室温でのSiの真性キャリヤ密度は$1.5×10^{16}$ m^{-3}とする．
(2) 試料(b)の電子移動度μを温度Tの関数として測定し，対数表示のグラ

フにプロットしたところ，下図のような結果が得られた．低温領域（A）と高温領域（B）で移動度の温度依存性が異なる理由を説明せよ．

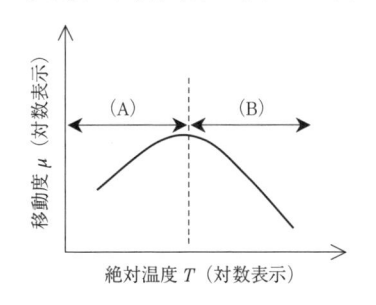

（グラフ：縦軸 移動度 μ（対数表示），横軸 絶対温度 T（対数表示）．領域(A)で上昇，領域(B)で下降する山型曲線）

(3) 試料（d）を用いて，前項（2）と同じ測定を行った．電子移動度の温度依存性はどのようになるかを説明せよ．

(4) 試料（b），(c)，(f) を，低温領域における多数キャリヤの移動度の高い方から順番に並べよ．

発展 1 アインシュタインの関係（式 (2.29), (2.30)）を導出せよ．

発展 2 印加電圧をパラメータとして GaAs に流れる電流を測定した．印加電圧の増加につれて，電流は次第に増加したが，印加電圧がある値を超えると，電流が一度減少し，その後，電流は再び増加した．電圧の増加とともに電流が減少する現象を**負性抵抗**と呼ぶ．GaAs のエネルギーバンド構造（図 1.4 参照）をもとに，負性抵抗が発現した理由を考察せよ．

3. pn 接合ダイオードとショットキー障壁ダイオード

　電子デバイスの多くは，(1) p 型半導体と n 型半導体を接合した構造（pn 接合），(2) 金属と半導体の接合，および (3) 絶縁膜を介した金属と半導体の接合を用いて構成されている．本章では，まず (1) と (2) を学ぶことにする．特に pn 接合は，電子デバイスの基本である．その動作原理を十分に理解して欲しい．本章では，pn 接合の物理的描像を与え，整流作用を直観的に理解した後，**ポアソン**（Poisson）**方程式**から pn 接合の電界・電位分布を求め，整流特性や静電容量を定量的に把握することにする．

3.1 pn 接合の物理

　独立に存在している p 型半導体と n 型半導体のキャリヤおよび電荷の空間分布とエネルギーバンド図を図 3.1 (a) に示す．p 型半導体では帯電したアクセプタの周辺を正孔が運動しており，フェルミ準位 E_{Fp} は価電子帯に近い．一方，n 型半導体では帯電したドナーの周辺を自由電子が運動しており，フェルミ準位 E_{Fn} は伝導帯に近い．これらの半導体をたがいに近づけ，p 型半導体と n 型半導体の原子を完全に結合した状態を **pn 接合**と呼ぶ．pn 接合を形成すると，p 型領域の正孔は n 型領域へ，n 型領域の自由電子は p 型領域へと拡散し，p 型領域と n 型領域のフェルミ準位は一致する．その結果，図 3.1 (b) に示すように，pn 接合の p 型領域側では負にイオン化したアクセプタが残った領域が形成され，n 型領域側では正にイオン化したドナーが残った領域が形成される．したがって，この領域を**空間電荷領域**と呼ぶ．一方，この領域にはキャリヤがないので，その視点から**空乏層**とも呼ばれる．

　空間電荷領域には電気二重層が形成されている．エネルギーバンドの観点か

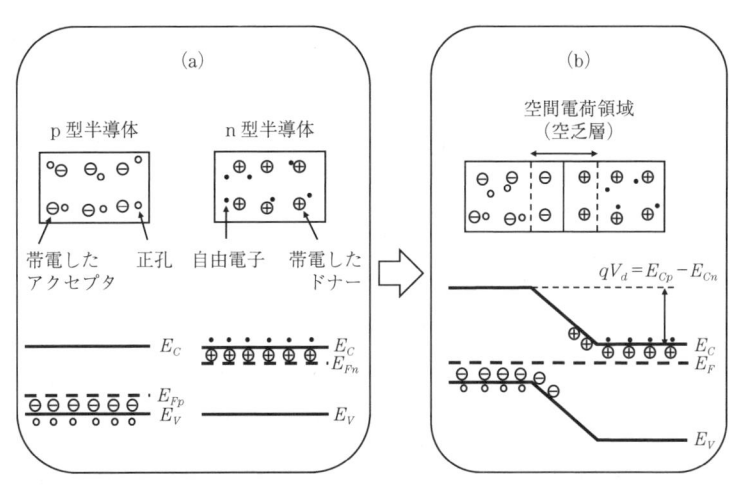

図 3.1 pn 接合の概念図
p 型半導体と n 型半導体を接合すると，p 型領域の正孔が n 型領域へ，n 型領域の自由電子が p 型領域へ拡散し，接合面に空間電荷領域（空乏層）が形成され，電位障壁 qV_d が生じる．平衡状態では，p 型領域と n 型領域のフェルミ準位は一致する．

らは，図 3.1 (b) に示すように，p 型領域と n 型領域とで，伝導帯の底および価電子帯の頂にエネルギー差が発生する．このエネルギー差 qV_d を **電位障壁** と呼び，p 型領域の正孔が n 型領域へ，n 型領域の自由電子が p 型領域へ移動するのを阻止する障壁となる．電位障壁を電圧に換算した値（V_d）は **拡散電位** と呼ぶ．

3.2 pn 接合の整流性

3.2.1 整流性の原理

a．拡散電位

p 型および n 型半導体中の電子密度 n_p および n_n は，式 (2.8) より次式で与えられる．

$$n_p = N_C \exp\left(\frac{-(E_{Cp} - E_{Fp})}{kT}\right) \tag{3.1}$$

$$n_n = N_C \exp\left(\frac{-(E_{Cn} - E_{Fn})}{kT}\right) \tag{3.2}$$

ここで，E_{Cp}, E_{Cn} は，p 型および n 型領域の伝導帯の底であり，E_{Fp}, E_{Fn} は，

p型およびn型領域のフェルミ準位である．電位障壁 qV_d は，E_{Cp} と E_{Cn} の差に等しく，熱平衡状態では $E_{Fp}=E_{Fn}$ であるから，式 (3.1), (3.2) を用いて次式が得られる．

$$qV_d = E_{Cp} - E_{Cn}$$
$$= kT \ln \frac{n_n}{n_p} \tag{3.3}$$

いま，p型およびn型領域の不純物密度を N_A, N_D とする．室温，すなわち中温（飽和）領域（図2.4参照）では，$n_n=N_D$, $n_p=n_i^2/N_A$ が成立するので，次式が得られる．

$$V_d = \frac{kT}{q} \ln \frac{n_n}{n_p} = \frac{kT}{q} \ln \frac{N_A N_D}{n_i^2} \tag{3.4}$$

すなわち，pn接合の拡散電位は不純物密度に依存し，不純物密度が高くなれば，拡散電位は高くなる．

b. 整流性

pn接合に外部からバイアス電圧 V を印加すると，その極性と大きさに応じ，キャリヤに対する電位障壁が変化する．その様子を図3.2 (a)～(c) に示す．バイアス電圧を印加していない平衡状態（$V=0$）では，電位障壁は qV_d である（図3.2 (a)）．いま，p型領域が正，n型領域が負となる向きにバイアス電圧 V_F を印加すると，フェルミ準位は qV_F だけ変化し，電位障壁が $q(V_d-V_F)$ に減少する（図3.2 (b)）．その結果，p型領域の正孔がn型領域へ，n型領域の自由電子がp型領域へと移動し，電流が流れる．このように，電流が流れる向きに印加するバイアスを**順バイアス**と呼び，熱平衡時の密度よりキャリヤを増加させることを**注入**と呼ぶ．

一方，p型領域が負，n型領域が正となる向きにバイアス電圧 V_R を印加すると，電位障壁が $q(V_d+V_R)$ に増加する（図3.2 (c)）．その結果，p型領域の正孔，n型領域の電子は，相手側へ移動しにくくなり，電流は非常に流れにくい．この向きのバイアスを**逆バイアス**と呼ぶ．逆バイアス状態で流れる非常に微弱な電流は，逆バイアス電圧 V_R を増してもほとんど変化しないため，**飽和電流** I_S と呼ばれる．その詳細は次節で学ぶ．

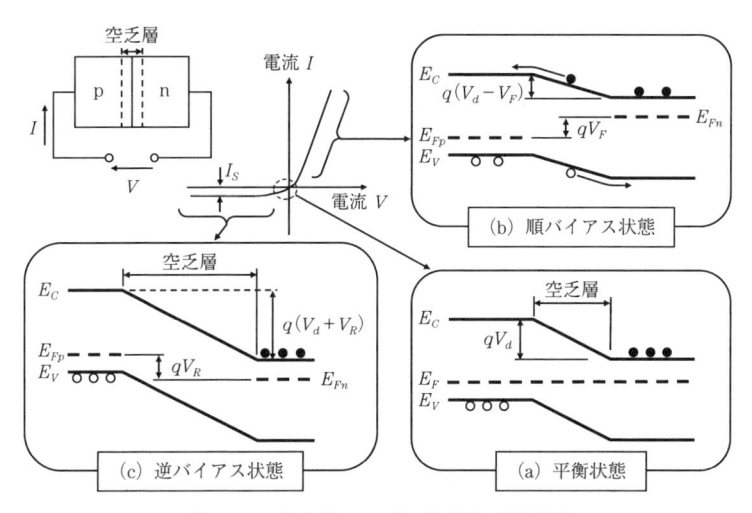

図 3.2 pn 接合ダイオードの模式図と整流特性
平衡状態の pn 接合に順バイアスを印加すると，電位障壁が低下して電流が流れる．
逆バイアス状態では非常に微弱な飽和電流 I_S が流れる．

図 3.2 には，順バイアスおよび逆バイアスの電圧を印加したときの電流-電圧特性も模式的に示されている．このように順バイアスのときだけ電流が流れやすい性質を**整流特性**と呼び，整流特性を示すデバイスを**ダイオード**という．

3.2.2 整流特性の導出

a. 拡散電流

pn 接合を流れる電流は，電子と正孔の拡散電流で構成される．したがって，キャリヤ連続の式（式 (2.37), (2.38)）より導かれる拡散方程式を解くことにより整流特性を定量化できる．その境界条件となる，空乏層端におけるキャリヤ密度を求めておくことにする．

平衡状態（$V=0$）における多数キャリヤと少数キャリヤの分布を模式的に図 3.3 (a) に示す．キャリヤ密度は空間的に一様であり，式 (3.1) および (3.2) によれば，p 型領域の電子密度 n_{p0} は，n 型領域の電子密度 n_{n0} と，次式で関係づけられる．

$$n_{p0} = n_{n0} \exp\left(-\frac{qV_d}{kT}\right) \tag{3.5}$$

同様に,平衡状態における n 型領域の正孔密度 p_{n0} は,p 型領域の正孔密度 p_{p0} と,次式で関係づけられる.

$$p_{n0}=p_{p0}\exp\left(-\frac{qV_d}{kT}\right) \tag{3.6}$$

いま,pn 接合に順バイアス V_F を印加すると,空乏層を介して少数キャリヤが注入され,その密度が平衡状態より上昇する.その状況を図 3.3 (b) に示す.空乏層の p 型領域の端,および n 型領域の端を位置座標の原点 ($x=0$) にとり,式 (3.5), (3.6) の V_d を V_d-V_F で置き換えると,p 型領域端の電子密度 $n_p(0)$,および n 型領域端の正孔密度 $p_n(0)$ が次式で書き表せる.

$$n_p(0)=n_{n0}\exp\left(-\frac{q(V_d-V_F)}{kT}\right)$$
$$=n_{p0}\exp\left(\frac{qV_F}{kT}\right) \tag{3.7}$$

$$p_n(0)=p_{p0}\exp\left(-\frac{q(V_d-V_F)}{kT}\right)$$
$$=p_{n0}\exp\left(\frac{qV_F}{kT}\right) \tag{3.8}$$

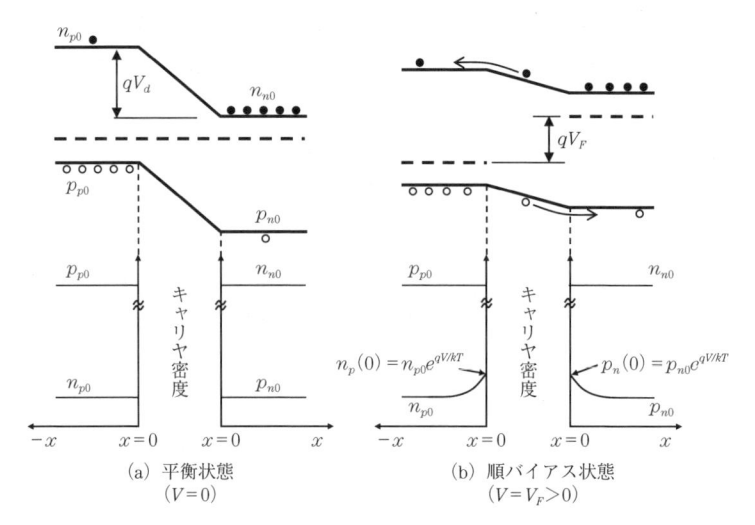

図 3.3 pn 接合のキャリヤ密度の分布

平衡状態 ($V=0$) では,キャリヤ密度は空間的に一様であるが,順バイアスを印加 ($V=V_F$) すると,少数キャリヤ密度の空間分布が変化し,拡散電流が流れる.

これらの式は，空乏層を介して少数キャリヤが注入された結果，空乏層端 ($x=0$) においては少数キャリヤ密度が n_{p0}, p_{n0} よりも増加していることを示している．

キャリヤ連続の式（式 (2.37), (2.38)）を用いて，少数キャリヤの空間分布を求めることにする．光照射もドリフト電流もない場合，式 (2.38) は簡単化され次式となる．

$$\frac{\partial n_p(x,t)}{\partial t} = D_n \frac{\partial^2 n_p(x,t)}{\partial x^2} - \frac{n_p(x,t) - n_{p0}}{\tau_n} \qquad (3.9)$$

順バイアスを印加し，十分に長い時間が経過した後の平衡状態を考えると，$\partial n_p(x,t)/\partial t = 0$ であるから，式 (3.9) は次式となる．

$$\frac{d^2 n_p(x)}{dx^2} - \frac{n_p(x) - n_{p0}}{L_n^2} = 0, \quad \text{ただし} \quad L_n = \sqrt{D_n \tau_n} \qquad (3.10)$$

この式が p 型領域における電子の分布を支配する**拡散方程式**であり，L_n を電子の拡散長と呼ぶ．

拡散方程式（式 (3.10)）の一般解は，次式で与えられる．

$$n_p(x) - n_{p0} = A \exp\left(\frac{x}{L_n}\right) + B \exp\left(-\frac{x}{L_n}\right) \qquad (3.11)$$

いま，p 型領域の幅を w_p とし，w_p が電子の拡散長 L_n に比べて十分に長いと仮定すると，$x = -w_p$ での $n_p(x)$ は平衡状態の電子密度 n_{p0} に等しい．そのため，$B = 0$ となる．また，$x = 0$ では式 (3.7) が成り立つ．以上の境界条件を用いることにより，式 (3.11) は次式となる．

$$n_p(x) = n_{p0} + n_{p0}\left(\exp\left(\frac{qV_F}{kT}\right) - 1\right)\exp\left(\frac{x}{L_n}\right) \qquad (3.12)$$

この電子密度の空間分布を拡散電流 $J_n(x)$ の式（式 (2.27)）に代入し，$x = 0$ とすると接合端を横切る拡散電流 $J_n(0)$ が得られる．

$$J_n(0) = \frac{qD_n n_{p0}}{L_n}\left(\exp\left(\frac{qV_F}{kT}\right) - 1\right) \qquad (3.13)$$

同様にして，境界条件として式 (3.8) を用い，拡散方程式を解き n 型領域の正孔密度の空間分布を求め，$x = 0$ での拡散電流を計算すると次式を得る．

$$J_p(0) = \frac{qD_p p_{n0}}{L_p}\left(\exp\left(\frac{qV_F}{kT}\right) - 1\right) \qquad (3.14)$$

順バイアス時に pn 接合を流れる全電流 I は，全電流密度 $(J_n(0)+J_p(0))$ に pn 接合の断面積 S を掛ければ求められる．すなわち，次式で与えられることとなる．

$$I = S(J_n(0)+J_p(0)) = qS\left(\frac{D_n n_{p0}}{L_n}+\frac{D_p p_{n0}}{L_p}\right)\left(\exp\left(\frac{qV_F}{kT}\right)-1\right) \quad (3.15)$$

$$= I_S\left(\exp\left(\frac{qV_F}{kT}\right)-1\right) \quad (3.16)$$

ここで，$qS[(D_n n_{p0}/L_n)+(D_p p_{n0}/L_p)]$ を I_S として示した．いま，V_F の高い領域を考えると，全電流 I は $\exp(qV_F/kT)$ に比例することとなる．したがって，図3.2に示したように，印加電圧 V_F の増加により全電流 I は急激に増加する．

逆バイアス V_R を印加したときの全電流 I は，式 (3.15) において，$V_F = -V_R$ と書き直すことで求められる．V_R が大きい場合には，$\exp(-qV_R/kT)=0$ となるから，逆バイアス状態に流れる電流は I_S となる．すなわち次式が成立する．

$$I = I_S\left(\exp\left(-\frac{qV_R}{kT}\right)-1\right) \fallingdotseq -I_S \quad (3.17)$$

図3.2に示したように，印加電圧 V_R が増加しても全電流 I は変化しないことから，I_S を飽和電流と呼ぶ．

b. 飽和電流

ダイオードを用いて整流回路を構成する場合，逆バイアス時に流れる飽和電流（逆方向飽和電流）I_S を極力，低減する必要がある．p型領域のアクセプタ密度を N_A，n型領域のドナー密度を N_D とすると，室温（300 K）では，$n_{p0}=n_i^2/N_A$，$p_{n0}=n_i^2/N_D$ が成立する．$n_i^2=N_C N_V \exp(-E_g/kT)$ であり，$L_n=\sqrt{D_n \tau_n}$，$L_p=\sqrt{D_p \tau_p}$ の関係も用いると，飽和電流 I_S は次式となる．

$$I_S = qSN_C N_V \exp\left(-\frac{E_g}{kT}\right)\left(\frac{1}{N_A}\sqrt{\frac{D_n}{\tau_n}}+\frac{1}{N_D}\sqrt{\frac{D_p}{\tau_p}}\right) \quad (3.18)$$

したがって，逆方向の飽和電流を低減するには，不純物密度 (N_A, N_D) を高めるとともに，半導体結晶を高品質化し少数キャリヤの寿命 (τ_n, τ_p) を長くすることが必要である．

3.3 pn接合の静電容量

3.3.1 空乏層幅

逆バイアス状態のpn接合は，空乏層を絶縁層とし，両側の半導体を電極とした平行平板コンデンサとみなすことができる．空乏層の振る舞いを理解するため，空乏層内の電位分布を求め，空乏層幅を算出することにする．

逆バイアス電圧 V_R を印加したpn接合を図3.4に示す．p型領域側の空乏層（$-x_p \leq x \leq 0$）には負に帯電したアクセプタによる電荷（密度：$-qN_A$）が，n型領域側（$0 \leq x \leq x_n$）には正に帯電したドナーによる電荷（密度：qN_D）が存在する．このような空間的に一様な不純物密度を有するpn接合を**階段接合**と呼ぶ．

電荷（密度：ρ）が存在する場合，その周辺の電位 ϕ は次の**ポアソン（Poisson）方程式**で与えられる．

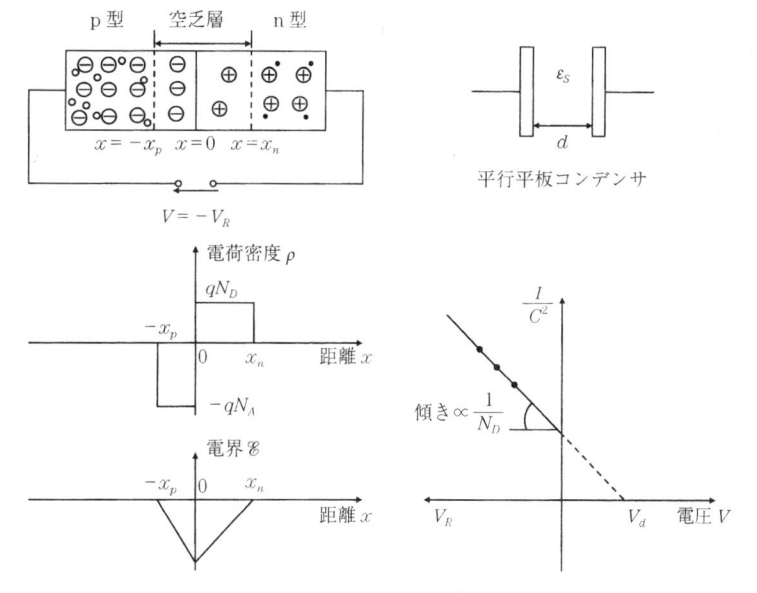

図3.4 逆バイアス状態の階段接合の電荷密度と電界分布の関係
p^+n 片側階段接合の場合，$1/C^2$-V プロットから，ドナー密度 N_D および拡散電位 V_d が求められる．

$$\frac{d^2\phi(x)}{dx^2} = -\frac{\rho}{\varepsilon_s} \tag{3.19}$$

ここで，ε_s は半導体の誘電率である．したがって，空乏層の p 型領域側，および n 型領域側では次式となる．

$$\frac{d^2\phi(x)}{dx^2} = \begin{cases} \dfrac{qN_A}{\varepsilon_s} & (-x_p \leq x \leq 0) \\ -\dfrac{qN_D}{\varepsilon_s} & (0 \leq x \leq x_n) \end{cases} \tag{3.20}$$

空乏層の外側の半導体は導体とみなすことができるから，電界 $\mathscr{E}$ は 0 である．したがって，空乏層の両端では次式が成立する．

$$\mathscr{E}(-x_p) = \mathscr{E}(x_n) = 0 \tag{3.21}$$

式 (3.20) を積分し，境界条件 (式 (3.21)) を用いることで次式の電界分布が得られる．

$$\frac{d\phi(x)}{dx} = -\mathscr{E} = \begin{cases} \dfrac{qN_A}{\varepsilon_s}(x+x_p) & (-x_p \leq x \leq 0) \\ \dfrac{qN_D}{\varepsilon_s}(-x+x_n) & (0 \leq x \leq x_n) \end{cases} \tag{3.22}$$

$x=0$ で電界が連続的につながるためには次式が必要である．

$$N_A x_p = N_D x_n \tag{3.23}$$

すなわち，空乏層の幅は不純物密度と反比例の関係にある．このようにして求めた電界分布を図 3.4 に示す．電界強度は $x=0$ で最大値をとり，直線的に変化することがわかる．

　p 型領域の空乏層端 ($x=-x_p$) の電位を基準 ($\phi(-x_p)=0$) とし，電位分布を求めることにする．逆バイアス V_R が印加されているため，n 型領域の空乏層端 ($x=x_n$) の電位は $\phi(x_n) = V_d + V_R$ となる．式 (3.22) を積分し，これらの電位 ($\phi(x_p), \phi(x_n)$) を境界条件として用いることで次式の電位分布が得られる．

$$\phi(x) = \begin{cases} \dfrac{qN_A}{2\varepsilon_s}(x+x_p)^2 & (-x_p \leq x \leq 0) \\ -\dfrac{qN_D}{2\varepsilon_s}(-x+x_n)^2 + V_d + V_R & (0 \leq x \leq x_n) \end{cases} \tag{3.24}$$

$x=0$ で電位が連続的につながるためには次式が必要である．

$$\frac{qN_A}{2\varepsilon_s}x_p{}^2 = -\frac{qN_D}{2\varepsilon_s}x_n{}^2 + V_d + V_R \tag{3.25}$$

式（3.23）と式（3.25）の連立方程式を解くと x_p と x_n が得られる．

$$x_p = \sqrt{\frac{2\varepsilon_s N_D(V_d+V_R)}{qN_A(N_A+N_D)}} \tag{3.26}$$

$$x_n = \sqrt{\frac{2\varepsilon_s N_A(V_d+V_R)}{qN_D(N_A+N_D)}} \tag{3.27}$$

したがって，空乏層の幅 x_d は次式で与えられる．

$$x_d = x_p + x_n = \sqrt{\frac{2\varepsilon_s(N_A+N_D)(V_d+V_R)}{qN_AN_D}} \tag{3.28}$$

空乏層の幅と不純物密度の関係を直観的に理解するため，アクセプタ密度 N_A，あるいはドナー密度 N_D が他方に比べて非常に高い場合を考える．このような pn 接合を**片側階段接合**と呼ぶ．不純物密度の高い方に＋の記号を付して，p$^+$n（$N_A \gg N_D$）あるいは pn$^+$（$N_A \ll N_D$）と書き表すのが慣例である．

いま，p$^+$n 片側階段接合（$N_A \gg N_D$）を考えると，式（3.23）あるいは式（3.26）および（3.27）から $x_n \gg x_p$ となり，式（3.28）は次のようになる．

$$x_d = x_n = \sqrt{\frac{2\varepsilon_s(V_d+V_R)}{qN_D}} \tag{3.29}$$

したがって，空乏層のほとんどは，不純物密度の低いn型領域へと広がっており，その幅は逆バイアスの 1/2 乗に比例することがわかる．

3.3.2　空乏層容量

空乏層のp型領域側およびn型領域側には，それぞれ大きさが等しく，符号が負（$-qN_Ax_p$）および正の電荷（qN_Dx_n）が存在する．階段接合の場合，n型領域の単位面積当たりの正電荷 Q は次式で与えられる．

$$Q = qN_Dx_n = \sqrt{\frac{2\varepsilon_s qN_AN_D(V_d+V_R)}{N_A+N_D}} \tag{3.30}$$

pn 接合に加える逆バイアス V_R を dV_R だけ増加すると，空乏層中の電荷 Q が dQ だけ変化するから，空乏層の静電容量（これを**空乏層容量**という）は次式となる．

$$C = \left| \frac{dQ}{dV_R} \right|$$

$$= \sqrt{\frac{\varepsilon_s q N_A N_D}{2(N_A + N_D)(V_d + V_R)}} \quad (3.31)$$

この式は，式 (3.28) を用いると，次式のように書き直すことができる．

$$C = \frac{\varepsilon_s}{x_d} \quad (3.32)$$

すなわち，pn 接合の空乏層容量は，$x_d (= x_p + x_n)$ の厚さを有する誘電率 ε_s の絶縁体の両側を電極で挟んだ平行平板コンデンサの容量と等しいことがわかる．

p^+n 片側階段接合（$N_A \gg N_D$）の場合，空乏層容量は次式に簡単化される．

$$C = \sqrt{\frac{\varepsilon_s q N_D}{2(V_d + V_R)}} \quad (3.33)$$

したがって，印加バイアスに対して $1/C^2$ をプロットすると，その傾きから n 型領域のドナー密度 N_D が求められ，x 軸切片から拡散電位 V_d が求められる（図 3.4 参照）．実験的によく用いられる方法である．

3.4 pn 接合の逆電圧降伏

逆バイアス状態の pn 接合には，飽和電流 I_S しか流れない．しかし，逆バイアス電圧を増加してゆくと，図 3.5 に示すように，ある電圧 V_B 以上で，電流が急増する．これを**逆電圧降伏**と呼び，V_B を降伏電圧と呼ぶ．逆電圧降伏は，**ツェナー**（Zener）**降伏**と**なだれ降伏**の 2 つの機構により発生する．

ツェナー降伏は，p 型領域，n 型領域ともに高密度の不純物が添加された pn 接合で生じる降伏である．不純物密度が高い場合，逆バイアス電圧を高くしても，空乏層はそれほど広がらず（式 (3.28) 参照），空乏層内の価電子帯の頂や伝導帯の底の傾斜が急峻化する．その結果，量子力学的なトンネル効果が生じ，p 型領域の価電子帯の電子が n 型領域の伝導帯へ通り抜け，絶縁破壊が生じる．不純物密度が高いほど，ツェナー降伏が生じる電圧は低下する．この降伏現象を積極的に利用し，一定の電圧を得るダイオードが定電圧ダイオード（ツェナーダイオード）である．

一方，不純物密度がそれほど高くない場合，ツェナー降伏は生じにくい．し

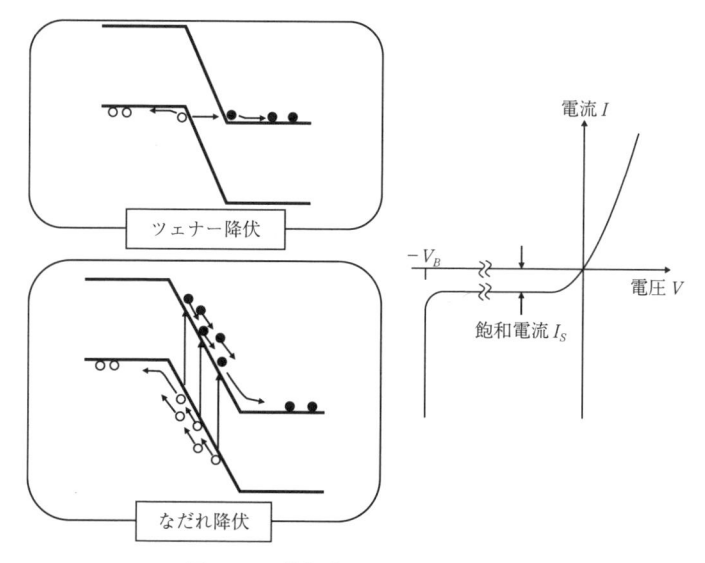

図3.5 pn接合ダイオードの逆電圧降伏
ツェナー降伏となだれ降伏の2つの機構により，降伏電圧 V_B 以上で電流が急増する．

かし，逆バイアス電圧を増加してゆくと，図3.5に示すように，空乏層内の強い電界で加速されたキャリヤが，半導体を構成する原子と衝突し，電子・正孔対を生成する．これらの電子と正孔が電界で加速され，半導体を構成する原子と衝突しさらに電子・正孔対を生成する．この過程が次々となだれ的に発生することにより，なだれ降伏が生じる．

3.5 ショットキー接触と整流性

3.5.1 ショットキー接触の原理

金属と半導体の接触面は**ショットキー**（Schottky）**接触**と呼ばれ，pn接合とは異なる特性を示す．ここでは，その原理と特性について簡単に説明することにする．独立に存在している金属とn型半導体のエネルギーバンド図を図3.6 (a) に示す．金属のフェルミ準位 E_{FM} から真空準位 E_{vac} までのエネルギー差を金属の**仕事関数** W_M と呼ぶ．一方，半導体の伝導帯の底 E_c から真空準位 E_{vac} までのエネルギー差を半導体の**電子親和力** χ と呼ぶ．図3.6 (a) で

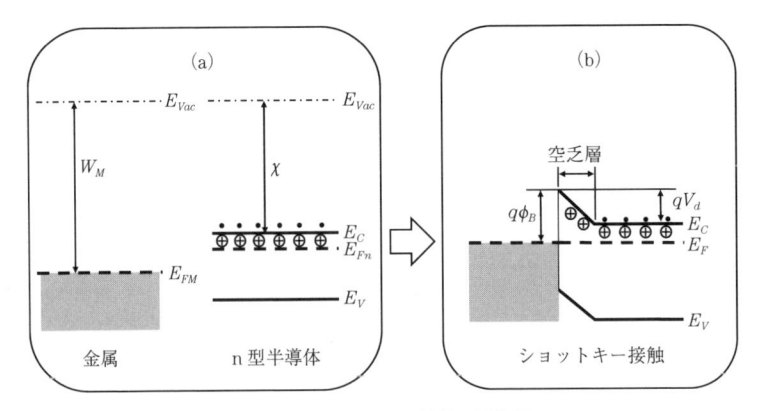

図3.6 ショットキー接触の概念図
金属とn型半導体を接触すると，電位障壁 qV_d とショットキー障壁 $q\phi_B$ が形成される．

は，$W_M > \chi$ を仮定している．

両者を接触させた状態のエネルギーバンド図を図3.6 (b) に示す．n型領域の電子は金属中へと拡散により移動し，両者のフェルミ準位は一致する．接触領域の近傍には，キャリヤが空乏化し，正にイオン化したドナーが残る（空間電荷領域）．そのため，電位障壁 qV_d が生じ，n型領域の電子が金属へと移動するのを阻止する．一方，金属と半導体の接触面には，金属の仕事関数 W_M と半導体の電子親和力 χ の差に起因し，次式で与えられる**ショットキー障壁**が形成される．

$$q\phi_B = W_M - \chi \tag{3.34}$$

その結果，金属中の電子がn型半導体へ移動するのが阻止される．

ショットキー障壁の高さ $q\phi_B$ は，金属や半導体の種類に応じて変化する．この値が正となる組み合わせの場合，電流-電圧特性に整流性が生じる．

3.5.2 ショットキー障壁と電流-電圧特性

ショットキー接触に外部からバイアス電圧 V を印加すると，バイアスの極性と大きさに応じ，キャリヤに対する電位障壁が変化する．金属とn型半導体からなるショットキー接触のバイアス電圧に対する変化を図3.7に示す．金属が正，n型半導体が負となる向きにバイアス電圧 V_F を印加すると，半導体

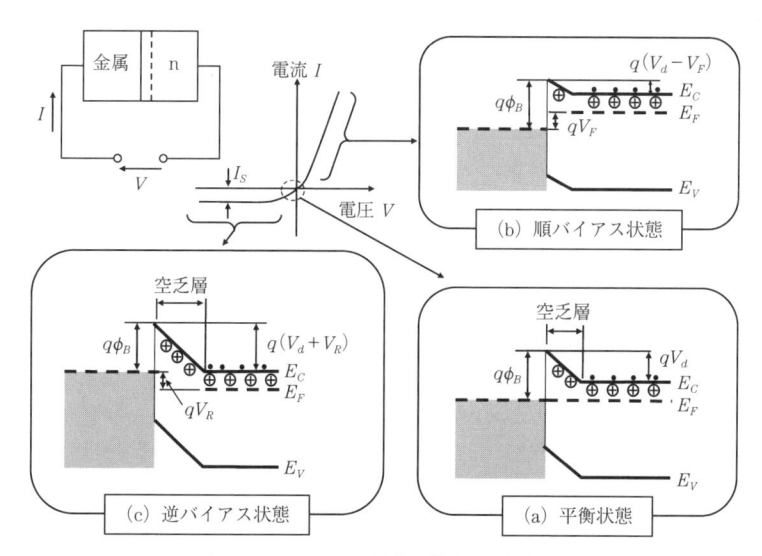

図 3.7 ショットキー接触の模式図と整流特性
順バイアスを印加すると，電位障壁が低下して電流が流れる．逆バイアス状態では非常に微弱な飽和電流 I_S が流れる．

のフェルミ準位は qV_F だけ変化し，半導体中の電子が金属へ移動するのを阻止していた電位障壁が $q(V_d - V_F)$ に減少する．その結果，半導体中の電子が金属へと移動しやすくなり，電流が流れる（図 3.7 (b)）．この向きのバイアスを順バイアスと呼ぶ．一方，金属が負，n 型半導体が正となる向きにバイアス電圧 V_R を印加しても，ショットキー障壁 $q\phi_B$ は変化しない．すなわち，金属から n 型半導体中への電子の移動は阻止されたままであり，電流は流れにくい（図 3.7 (c)）．この向きのバイアスを逆バイアスと呼ぶ．すなわち，ショットキー接触では，図 3.7 に示すように整流特性が得られる．このようなデバイスを**ショットキーダイオード**と呼ぶ．

金属と半導体の組み合わせを変えると，ショットキー障壁の高さ $q\phi_B$ を負とすることができる．この場合，バイアス電圧の極性を変えても，電圧に比例して電流が流れるため，**オーミック接触**と呼ばれる．半導体を用いたあらゆる電子デバイスで，半導体領域に電圧を印加する電極としてよく利用される．

演習問題

基本1 2種類のpn接合 ((a), (b)) がある．(a) はアクセプタ密度 N_A およびドナー密度 N_D がともに低い接合で，(b) は N_A および N_D がともに高い接合である．これらのpn接合のエネルギーバンド図を，フェルミ準位 E_F の位置に注意して模式的に示せ．同図を用いて，pn接合の電位障壁 qV_d は (a) または (b) のいずれの方が大きな値となるかを答えよ．

基本2 Siを用いて不純物密度が階段型に変化するpn接合ダイオードを形成した．このとき，p型領域の抵抗率は 5.0×10^{-4} Ωm，n型領域のそれは 5.0×10^{-2} Ωmであった．また，各領域の室温における電子および正孔の移動度は，それぞれ，0.10 m²/Vs, 0.02 m²/Vs であった．このとき，以下の問いに答えよ．ただし，電気素量を 1.6×10^{-19} C，真性キャリヤ密度（室温）を 1.5×10^{16} m⁻³ とする．

(1) p型領域に含まれる不純物の元素記号を1つ例示するとともに，p型領域における電子密度および正孔密度を求めよ．

(2) n型領域に含まれる不純物の元素記号を1つ例示するとともに，n型領域における電子密度および正孔密度を求めよ．

(3) このダイオードの，(a) 平衡状態，(b) 順バイアス状態（バイアス電圧：V_F），および (c) 逆バイアス状態（バイアス電圧：V_R）におけるエネルギーバンド図を描け．ただし，電気素量を q とせよ．

基本3 リン (P) 原子をある密度だけ添加した Si とホウ素 (B) 原子を 10^{22} m⁻³ の密度だけ添加した Si からなる pn 接合がある．拡散電位よりも十分に大きな逆バイアス電圧を印加したとき，空乏層幅は 10.1 μm となり，接合界面から p 型側への空乏層領域，n 型側への空乏層領域の幅は，それぞれ 0.1, 10 μm であった．

(1) n型 Si の中性領域における多数キャリヤ密度と少数キャリヤ密度を求めよ．ただし，真性キャリヤ密度（室温）は 1.5×10^{16} m⁻³ とする．

(2) このpn接合の単位面積当たりの空乏層容量を求めよ．ただし，真空の誘電率は 8.85×10^{-12} F/m，Si の比誘電率は 11.9 とする．

(3) p型 Si の多数キャリヤ密度は一定とし，n型 Si の多数キャリヤ密度を 5×10^{19} m⁻³ に変えた．拡散電位よりも十分に大きな逆バイアス電圧を印加し，接合界面から p 型側への空乏層領域の幅を 0.1 μm にした．このとき，pn接合の空乏層幅は，10.1 μm より短くなるか，長くなるかを答えよ．また，空乏層容量は前項 (2) の値よりも大きくなるか，小さくなるかを答えよ．

基本4 金属（仕事関数：W_M）とn型半導体（電子親和力：χ）の接触を考える．

$W_M \leq \chi$ の場合，接触はオーミック接触となる．エネルギーバンド図を描き，その理由を説明せよ．

発展 1 Si を用いて形成した pn 接合ダイオードに関して，以下の問いに答えよ．
(1) 逆バイアス V_R を印加した pn 接合ダイオードに，波長が，① 7.0 μm（0.18 eV），② 0.3 μm（1.77 eV）の光を照射した．光照射によって逆方向電流が増加するのは，①または②のいずれか．理由とともに答えよ．このような光応答が**フォトダイオード**の基本である．
(2) 負荷抵抗を接続した pn 接合ダイオードに，エネルギーギャップ 1.12 eV 以上のエネルギーをもつ光を照射すると電流が発生する．これが**太陽電池**の基本である．光照射によるキャリヤの発生と移動の様子，すなわち太陽電池の原理を説明せよ．

発展 2 ヘテロ接合に関して，以下の問いに答えよ．
(1) エネルギーギャップ E_g や電子親和力 χ の異なる半導体 1 と半導体 2 の接合を**ヘテロ接合**と呼び，熱平衡状態では以下の規則が成り立つ．
① 半導体 1 と半導体 2 のフェルミ準位が一致する．
② 接合面から十分離れた位置における電子親和力，仕事関数は，接合を形成する前の値に等しい．
③ ヘテロ接合面には，電子親和力およびエネルギーギャップの差に応じてバンドに不連続が生じる．このとき，伝導帯の底の不連続 ΔE_C および価電子帯の頂の不連続 ΔE_V は次式となる．
$$\Delta E_C = |\chi_1 - \chi_2|$$
$$\Delta E_V = |E_{g1} - E_{g2}| - \Delta E_C$$
ここで，χ_1 および χ_2 は半導体 1 および半導体 2 の電子親和力，E_{g1} および E_{g2} は半導体 1 および半導体 2 のエネルギーギャップである．

上記の規則にもとづき，n 型の Si（$E_g = 1.12$ eV，$\chi = 4.01$ eV）と真性の $Si_{0.5}Ge_{0.5}$（$E_g = 0.90$ eV，$\chi = 4.07$ eV）からなるヘテロ接合のエネルギーバンド図を模式的に示せ．
(2) Si 基板上に真性の $Si_{0.5}Ge_{0.5}$ 単結晶薄膜と n 型の Si 単結晶薄膜を積層して n-Si/$Si_{0.5}Ge_{0.5}$/Si 基板からなる積層構造を形成した（下図参照）．n 型 Si 薄膜のドナー不純物から放出された自由電子は，$Si_{0.5}Ge_{0.5}$ 薄膜へと移動し，

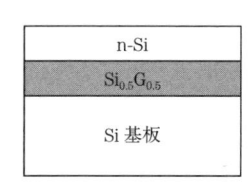

n-Si
$Si_{0.5}Ge_{0.5}$
Si 基板

$Si_{0.5}Ge_{0.5}$ 薄膜内部に局在する．その理由を説明せよ．この試料の電子移動度は，単層の n 型 $Si_{0.5}Ge_{0.5}$ 薄膜の電子移動度よりも高いか低いかを，理由とともに答えよ．

4. バイポーラトランジスタ

　トランジスタとは，電流のスイッチングや増幅を可能とする三端子デバイスの総称であり，(1) バイポーラトランジスタ，および (2) 電界効果トランジスタに大別できる．本章で取り上げるバイポーラトランジスタの動作を理解するには，2つの極性（バイポーラ）を有するキャリヤの挙動を把握する必要がある．本章では，バイポーラトランジスタの基本構造をもとに，その増幅作用を直観的に理解した後，キャリヤの拡散方程式から電流増幅率を導出し，さらにその周波数依存性などを学ぶことにする．

4.1 基本構造と動作原理

　バイポーラトランジスタの基本構造を図 4.1 に示す．pnp あるいは npn 構造を有する三端子デバイスである．左右の領域をそれぞれ**エミッタ**（emitter：E），**コレクタ**（collector：C）と呼び，中央の領域を**ベース**（base：B）と呼ぶ．pnp 構造を例にとれば，エミッタ領域，コレクタ領域は，それぞれ，キャリヤ（正孔）をエミット（放出），コレクト（収集）する機能を有する．ベース領域は，動作の基礎（ベース）となる領域である．

　各領域の不純物密度は，エミッタで最も高く，コレクタで最も低い．また，ベース領域の幅 w_B は，少数キャリヤの拡散長（正孔：L_p，電子：L_n）よりも薄く設計されている．したがって，数 μm 以下ときわめて薄い．通常，エミッタ-ベース間のエミッタ接合には順方向電圧，ベース-コレクタ間のコレクタ接合には逆方向電圧を印加する回路構成をとる．これらのバイアス印加条件を，回路記号による表現とともに，図 4.1 に示している．回路記号中に含まれる矢印は，エミッタ-ベース間を流れる電流の向きを示している．すなわち，

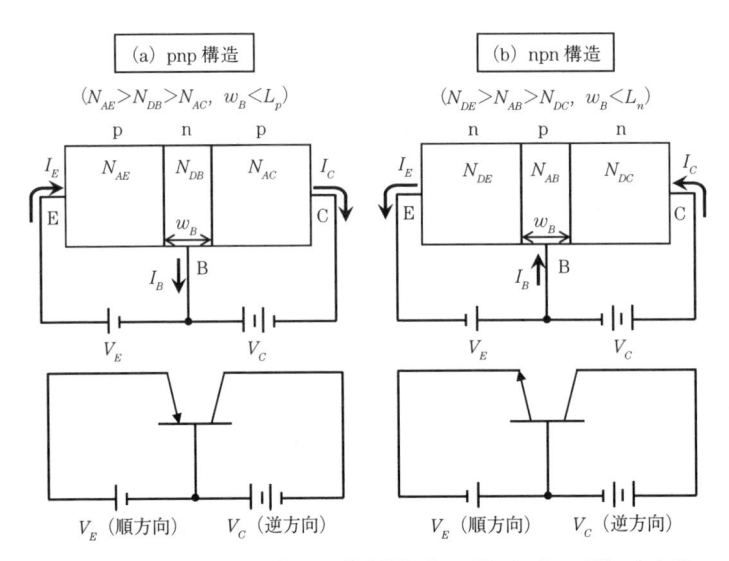

図 4.1 バイポーラトランジスタの基本構造（pnp 型および npn 型），および回路記号による表現

図中の N_{AE}, N_{DB}, N_{AC} などの下付き文字は，エミッタ（E），ベース（B），コレクタ（C）の不純物がそれぞれアクセプタ（A），ドナー（D）で構成されていることを示す．不純物密度は，$N_E > N_B > N_C$ の順であり，ベース幅 w_B は少数キャリヤの拡散長（L_p, L_n）よりも長い．また，エミッタ接合は順バイアス，コレクタ接合は逆バイアスとする．

pnp 構造では正孔がエミッタからベースへと注入されるのに対し，npn 構造では電子が注入されるため，矢印の向きは逆となっている．同図では，ベースを共通の端子としているので，この回路を**ベース接地回路**と呼ぶ．共通端子の取り方にはいくつかの方式がある．これらについては，4.3 節で統一的に説明をする．

pnp 型トランジスタのエネルギーバンド図を図 4.2 に示す．バイアス電圧を印加していない平衡状態（図 4.2（a））では，エミッタ-ベース間のエミッタ接合およびコレクタ-ベース間のコレクタ接合に空乏層が形成され，拡散電位が生じている．図 4.2（a）にはエミッタ接合の拡散電位を V_d として表記されている．平衡状態であるから，エミッタ，ベース，コレクタ領域のフェルミ準位は一致している．

エミッタ接合に順バイアス電圧 V_E を印加し，コレクタ接合に逆バイアス電

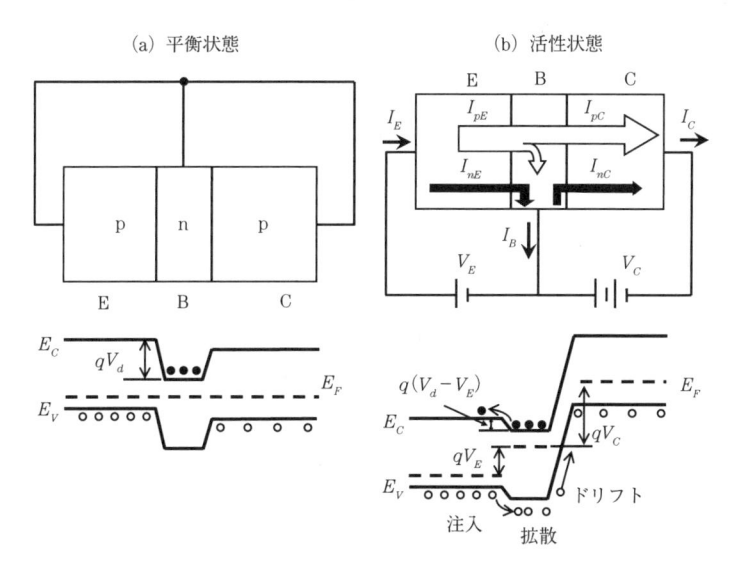

図 4.2 pnp 型バイポーラトランジスタのエネルギーバンド図とキャリヤの流れ (a) は平衡状態を，(b) は活性状態を示す．エミッタより注入された正孔は，ベース領域でその一部が再結合し消滅するが，大部分は拡散によりコレクタ接合の空乏層に到達し，ドリフトによりコレクタ領域へ搬入される．エミッタ接合の電位障壁を変調することにより，正孔の流れが制御できる．

圧 V_C を印加した活性状態を図 4.2（b）に示す．エミッタ接合の電位障壁は $q(V_d - V_E)$ に低下し，エミッタ領域からベース領域へ正孔が，ベース領域からエミッタ領域へ電子が注入され，少数キャリヤとして働く．その結果，正孔電流 I_{pE} と電子電流 I_{nE} が発生する．エミッタ領域のアクセプタ密度 N_{AE} は，ベース領域のドナー密度 N_{DB} に比べて高く（$N_{AE} \gg N_{DB}$）設計されているため，式 (3.13),(3.14)，および pn 積一定の法則（$n_{p0E} = n_i^2/N_{AE}$, $p_{n0B} = n_i^2/N_{DB}$）より，$I_{pE} \gg I_{nE}$ となる．ここで，n_{p0E}, p_{n0B} は，それぞれ，エミッタ領域，ベース領域における熱平衡状態の少数キャリヤ密度，n_i は真性キャリヤ密度である．したがって，エミッタ接合を流れる電流は，正孔電流が支配的となる．

エミッタより注入された少数キャリヤ（正孔）は，ベース領域でその一部が多数キャリヤ（自由電子）と再結合して消滅する．しかし，ベース領域の幅は非常に薄く設計されているため，大部分の少数キャリヤ（正孔）はベース領域

を拡散し，コレクタ接合の空乏層に到達する．コレクタ接合には逆バイアスの向きにコレクタ電圧 V_C が印加されているので，正孔はドリフトによりコレクタ領域へ搬入され，正孔電流 I_{pC} を生じる．

コレクタ接合には，逆方向飽和電流も流れる．コレクタ領域のアクセプタ密度 N_{AC} は，ベース領域のドナー密度 N_{DB} に比べて非常に低く（$N_{AC} \ll N_{DB}$）設計されているため，少数キャリヤ密度はコレクタ領域で高い．したがって，正孔電流よりも電子電流 I_{nc} が支配的となる．しかしいずれにしても，逆方向飽和電流であるから，ベース領域から供給される正孔電流 I_{pC} に比べると非常に小さい．

このように，エミッタ接合の電位障壁を変調し，エミッタからベースに注入される正孔電流 I_{pE} を変化させ，コレクタへと流れる正孔電流 I_{pC} を制御することがバイポーラトランジスタの動作原理である．

4.2 ベース接地回路の電流増幅率

4.2.1 電流増幅率の定義

pnp 型バイポーラトランジスタのベース接地回路を流れる電流を図 4.3 に示す．外部からエミッタに流入した電流 I_E の大部分はコレクタ接合に到達し，コレクタから外部回路へと流出する．この電流を αI_E と表示する．α は 1 にきわめて近い値である．残りのわずかの電流 $(1-\alpha)I_E$ はベースから外部回路へ

$$I_C = \alpha I_E + I_{CB0}$$
$$\fallingdotseq \alpha I_E$$
$$\alpha \fallingdotseq \frac{I_C}{I_E} = \frac{I_{pE}}{I_E} \cdot \frac{I_{pC}}{I_{pE}} \cdot \frac{I_C}{I_{pC}}$$
$$= \gamma \alpha_T M$$

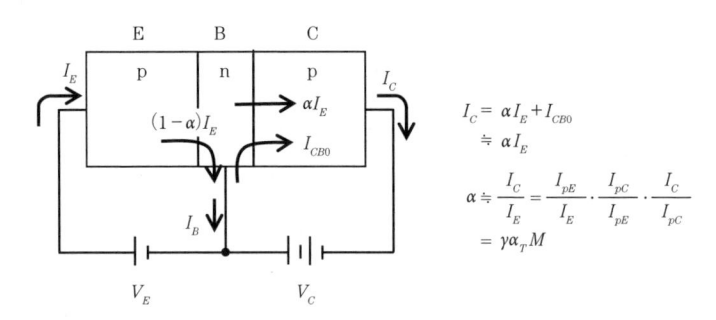

図 4.3 ベース接地回路を流れる電流

ベース接地電流増幅率 α は，コレクタ電流 I_C とエミッタ電流 I_E の比で定義され，エミッタ注入効率 γ，ベース輸送効率 α_T，およびコレクタ増倍率 M の積で与えられる．α は，1 にきわめて近い値をとる．

と流出する．また，コレクタ接合には逆方向飽和電流 I_{CBO} が流れる．したがって，コレクタより流出する全電流 I_C は，次式で与えられる．

$$I_C = \alpha I_E + I_{CBO} \tag{4.1}$$

αI_E に比べ I_{CBO} は非常に小さいため，式 (4.1) は次式で近似できる．

$$I_C \fallingdotseq \alpha I_E \tag{4.2}$$

したがって，α は図 4.2 に示す I_{pE}, I_{pC} を用いて次式に変形することができる．

$$\alpha \fallingdotseq \frac{I_C}{I_E} = \frac{I_{pE}}{I_E} \cdot \frac{I_{pC}}{I_{pE}} \cdot \frac{I_C}{I_{pC}}$$
$$= \gamma \alpha_T M \tag{4.3}$$

ここで，α は**ベース接地電流増幅率**，$\gamma (= I_{pE}/I_E)$ はエミッタ注入効率，α_T $(= I_{pC}/I_{pE})$ はベース輸送効率，$M (= I_C/I_{pC})$ はコレクタ増倍率と呼ばれる．M は通常 1 と近似する．

4.2.2 電流増幅率の物理

本項では，γ と α_T の有する物理的意味を調べ，ベース接地電流増幅率 α の値を 1 に近くするための必要条件を考察する．pnp 型バイポーラトランジスタのエミッタ領域およびベース領域における少数キャリヤ密度の空間分布をエネルギーバンド図と比較し図 4.4 に示す．

エミッタ領域の幅はこの領域における電子の拡散長 L_{nE} に比べて十分に長いため，エミッタ接合を介してベース領域から注入される少数キャリヤ（自由電子）による電流は，式 (3.13) を用いて次式で与えられる．

$$I_{nE} = S \frac{q D_{nE} n_{p0E}}{L_{nE}} \left(\exp\left(\frac{q V_E}{kT}\right) - 1 \right) \tag{4.4}$$

ここで，S はエミッタ接合の断面積であり，D_{nE}, L_{nE}，および n_{p0E} は，それぞれ，エミッタ領域における電子の拡散係数，拡散長，および熱平衡状態での電子密度である．

一方，ベース領域の幅 w_B はこの領域における少数キャリヤ（正孔）の拡散長 L_{pB} と比べて十分に短いため，エミッタ領域から注入される正孔により発

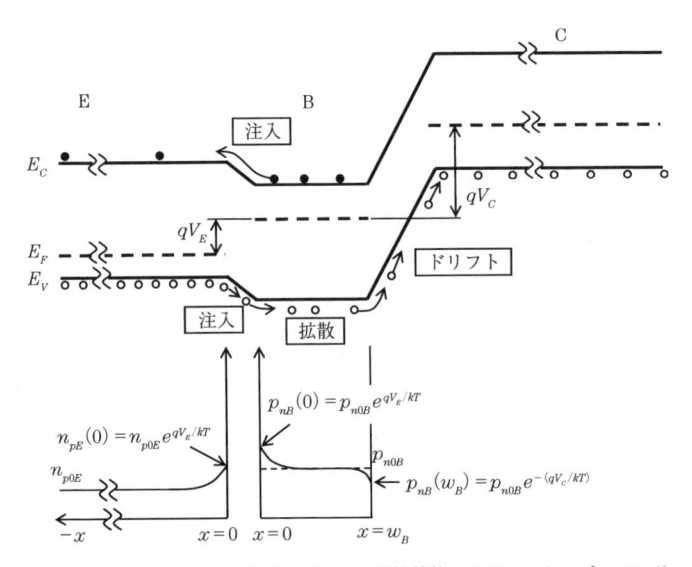

図4.4 pnp型バイポーラトランジスタの活性状態におけるエネルギーバンド図とエミッタおよびベース領域における少数キャリヤ密度の空間分布 この分布をもとに，γとα_Tを定式化し，ベース接地電流増幅率αを1に近づける方策を検討する．

生する電流は，拡散方程式を解き求める必要がある．式 (3.10) の電子を正孔で置き換えることにより，次式が得られる．

$$\frac{d^2 p_{nB}(x)}{dx^2} - \frac{p_{nB}(x) - p_{n0B}}{L_{pB}^2} = 0, \quad \text{ただし} \quad L_{pB} = \sqrt{D_{pB}\tau_{pB}} \tag{4.5}$$

ここで，$D_{pB}, \tau_{pB}, L_{pB}, p_{nB}(x)$，および p_{n0B} は，それぞれ，ベース領域における正孔の拡散係数，寿命，拡散長，点 x における正孔密度，および熱平衡状態での正孔密度である．エミッタ接合の空乏層のベース領域側の端を $x=0$ とし，コレクタ接合の空乏層のベース領域側の端を $x=w_B$ とすると，正孔密度分布 $p_{nB}(x)$ に関する境界条件が，式 (3.8) と同様に，次式のように与えられる．

$$p_{nB}(0) = p_{n0B} \exp\left(\frac{qV_E}{kT}\right) \tag{4.6}$$

$$p_{nB}(w_B) = p_{n0B} \exp\left(-\frac{qV_C}{kT}\right) \tag{4.7}$$

4.2 ベース接地回路の電流増幅率

これらを用いて拡散方程式(式 (4.5))を解くと次式が得られる．

$$p_{nB}(x) = p_{n0B} + \frac{p_{n0B}\left(\exp\left(\frac{qV_E}{kT}\right)-1\right)\sinh\left(\frac{w_B-x}{L_{pB}}\right) + p_{n0B}\left(\exp\left(-\frac{qV_C}{kT}\right)-1\right)\sinh\left(\frac{x}{L_{pB}}\right)}{\sinh\left(\frac{w_B}{L_{pB}}\right)}$$

(4.8)

これを拡散電流の式(式 (2.28))に代入し，$x=0$ とすると次式を得る．

$$I_{pE} = S\frac{qD_{pB}p_{n0B}}{L_{pB}}\left(\frac{\exp\left(\frac{qV_E}{kT}\right)-1}{\tanh\left(\frac{w_B}{L_{pB}}\right)} - \frac{\exp\left(-\frac{qV_C}{kT}\right)-1}{\sinh\left(\frac{w_B}{L_{pB}}\right)}\right)$$

$$= S\frac{qD_{pB}p_{n0B}}{L_{pB}}\cdot\frac{1}{\tanh\left(\frac{w_B}{L_{pB}}\right)}\left(\exp\left(\frac{qV_E}{kT}\right)-1-\frac{\exp\left(-\frac{qV_C}{kT}\right)-1}{\cosh\left(\frac{w_B}{L_{pB}}\right)}\right)$$

(4.9)

ここで，$w_B \ll L_{pB}$ なので，$\cosh(w_B/L_{pB}) \fallingdotseq 1$ である．また，qV_C は kT よりも十分に大きいので，$\exp(qV_E/kT) \ll 1$ である．したがって，式 (4.9) は次式に近似できる．

$$I_{pE} \fallingdotseq S\frac{qD_{pB}p_{n0B}}{L_{pB}}\cdot\frac{\exp\left(\frac{qV_E}{kT}\right)}{\tanh\left(\frac{w_B}{L_{pB}}\right)}$$

(4.10)

一方，拡散電流の式において $x=w_B$ とすると，コレクタ接合を流れる正孔電流 I_{pC} が次式のように求められる．

$$I_{pC} = S\frac{qD_{pB}p_{n0B}}{L_{pB}}\left(\frac{\exp\left(\frac{qV_E}{kT}\right)-1}{\sinh\left(\frac{w_B}{L_{pB}}\right)} - \frac{\exp\left(-\frac{qV_C}{kT}\right)-1}{\tanh\left(\frac{w_B}{L_{pB}}\right)}\right)$$

$$= S\frac{qD_{pB}p_{n0B}}{L_{pB}}\cdot\frac{1}{\sinh\left(\frac{w_B}{L_{pB}}\right)}\left(\exp\left(\frac{qV_E}{kT}\right)-1-\cosh\left(\frac{w_B}{L_{pB}}\right)\left(\exp\left(-\frac{qV_C}{kT}\right)-1\right)\right)$$

(4.11)

式 (4.9) より式 (4.10) を誘導したときと同様の近似を行うと次式が得られる．

$$I_{pC} \fallingdotseq S \frac{qD_{pB}p_{n0B}}{L_{pB}} \cdot \frac{\exp\left(\dfrac{qV_E}{kT}\right)}{\sinh\left(\dfrac{w_B}{L_{pB}}\right)} \qquad (4.12)$$

これらの式を用いて，エミッタ注入効率 γ およびベース輸送効率 α_T を求めることにする．まず γ を次のように変形する．

$$\gamma = \frac{I_{pE}}{I_E} = \frac{I_{pE}}{I_{pE} + I_{nE}} = \frac{1}{1 + \dfrac{I_{nE}}{I_{pE}}} \qquad (4.13)$$

I_{nE}/I_{pE} に，式 (4.4) および (4.10) を代入すると次式となる．

$$\frac{I_{nE}}{I_{pE}} = \frac{D_{nE}n_{p0E}L_{pB}}{D_{pB}p_{n0B}L_{nE}} \tanh\left(\frac{w_B}{L_{pB}}\right)$$

$$\fallingdotseq \frac{D_{nE}n_{p0E}w_B}{D_{pB}p_{n0B}L_{nE}} \qquad (4.14)$$

$$\fallingdotseq \frac{\mu_{nE}N_{DB}w_B}{\mu_{pB}N_{AE}L_{nE}} \qquad (4.15)$$

ただし，式 (4.14) の導出には $w_B \ll L_{pB}$ の近似を用い，式 (4.15) の導出にはアインシュタインの関係（式 (2.29), (2.30)）および pn 積一定の法則（式 (2.12)）を用いた．

以上の結果から，I_{nE}/I_{pE} を小さくしてエミッタ注入効率 γ を高くするには，$N_{AE} \gg N_{DB}$ および $w_B \ll L_{nE}$ とする必要性のあることがわかる．

一方，ベース輸送効率 α_T は，式 (4.10) および (4.12) を用い，次式のように求められる．

$$\alpha_T = \frac{I_{pC}}{I_{pE}} = \frac{1}{\cosh\left(\dfrac{w_B}{L_{pB}}\right)}$$

$$\fallingdotseq 1 - \frac{1}{2}\left(\frac{w_B}{L_{pB}}\right)^2 \qquad (4.16)$$

したがって，ベース輸送効率を高くするには，$w_B \ll L_{pB}$ とする必要がある．

以上より，ベース接地電流増幅率 α を 1 に近づけるには，ベース幅 w_B を少数キャリヤの拡散長 (L_{nE}, L_{pB}) より十分に短くし，エミッタの不純物密度をベースの不純物密度よりも十分に高くする ($N_{AE} \gg N_{DB}$) 必要があることがわかる．

4.2.3 電流増幅率の周波数依存性

微小振幅の交流信号をエミッタ電流に重畳したときのベース接地電流増幅率 α を考察する．図 4.5 に模式的に示すように，交流信号の周波数が低い場合には，エミッタからベースに注入されたキャリヤは，信号の極性が変わる前にコレクタ接合へと到達する．したがって，コレクタ電流は交流信号に追随できる．しかし，交流信号の周波数がある値を超えると，ベースに注入されたキャリヤがコレクタ接合に到達する前に信号の極性が反転し，キャリヤの交流信号成分は，コレクタ接合に到達できなくなる．すなわち，コレクタ電流は交流信号に追随できなくなる．したがって，図 4.5 に示すように，低周波領域では，ベース接地電流増幅率 α は一定値 (α_0) を示すが，周波数が高くなりある値を超えると急激に減少する．α が $\alpha_0/\sqrt{2}$ に減少する周波数を **α 遮断周波数**（f_α）と呼ぶ．

α の周波数依存性を定量的に検討することにする．pnp 型トランジスタのエミッタ接合に，直流電圧 V_0 と微小振幅の交流電圧（振幅 V_1，角周波数 ω）を重畳した順バイアス電圧 V_F を印加する．

$$V_F(t) = V_0 + V_1 \exp(j\omega t), \quad \text{ただし，} \quad V_0 \gg V_1 \quad (4.17)$$

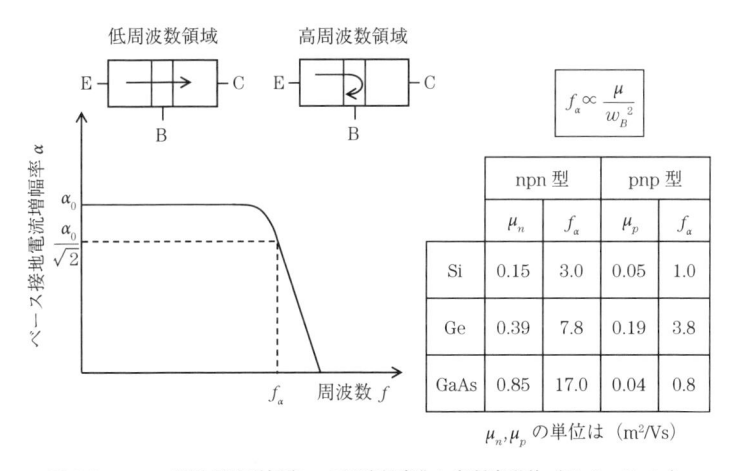

	npn 型		pnp 型	
	μ_n	f_α	μ_p	f_α
Si	0.15	3.0	0.05	1.0
Ge	0.39	7.8	0.19	3.8
GaAs	0.85	17.0	0.04	0.8

μ_n, μ_p の単位は（m^2/Vs）

図 4.5 ベース接地電流増幅率 α の周波数変化と各種半導体（Si, Ge, GaAs）の α 遮断周波数 f_α（pnp 型 Si トランジスタを 1.0 として規格化）
$f_\alpha (\propto \mu/w_B^2)$ は，pnp 型よりも npn 型トランジスタの方が高く，Si よりも GaAs トランジスタの方が高い．

このバイアスにより，エミッタ接合からベース領域に正孔が注入される．空乏層端のベース側を $x=0$ とすると，ベース端 $(x=0)$ における正孔密度は，式 (3.8) を用いて次式で与えられる．

$$p_{nB}(0,t) = p_{n0B} \exp\left(\frac{q(V_0 + V_1 \exp(j\omega t))}{kT}\right) \quad (4.18)$$

ここで，$V_1 \ll kT/q$ とすると，式 (4.18) は次式に近似できる．

$$p_{nB}(0,t) \fallingdotseq p_{n0B}\left(\exp\left(\frac{qV_0}{kT}\right) + \frac{qV_1}{kT}\exp\left(\frac{qV_0}{kT}\right)\exp(j\omega t)\right)$$

$$\fallingdotseq p_{n0B}\exp\left(\frac{qV_0}{kT}\right) + p_{n0B}\frac{qV_1}{kT}\exp\left(\frac{qV_0}{kT}\right)\exp(j\omega t) \quad (4.19)$$

第1項は時間変化しない直流成分であり，第2項が時間変化する交流成分である．

ベース領域に注入された正孔は，コレクタ接合へと拡散する．ベース領域の任意の位置 x における正孔密度 $p_{nB}(x,t)$ も，直流および交流成分から構成されるので，次式のように表される．

$$p_{nB}(x,t) = p_{nB0}(x) + p_{nB1}(x)\exp(j\omega t) \quad (4.20)$$

ここで，$p_{nB0}(x)$ は正孔密度の直流成分，$p_{nB1}(x)$ は正孔密度の交流成分の振幅である．式 (3.9) において電子を正孔で置き換えた，正孔に対するキャリヤ連続の式に式 (4.20) を代入すると次式を得る．

$$j\omega \tilde{p}_{nB}(x,t) = D_{pB}\frac{\partial^2 \tilde{p}_{nB}(x,t)}{\partial x^2} - \frac{\tilde{p}_{nB}(x,t)}{\tau_{pB}} \quad (4.21)$$

ただし，$\tilde{p}_{nB}(x,t)$ は正孔密度の交流成分であり，次式で定義される．

$$\tilde{p}_{nB}(x,t) = p_{nB1}(x)\exp(j\omega t) \quad (4.22)$$

式 (4.21) を変形すると次式を得る．

$$\frac{\partial^2 \tilde{p}_{nB}(x,t)}{\partial x^2} - \frac{\tilde{p}_{nB}(x,t)}{D_{pB}\tau_{pB}/(1+j\omega\tau_{pB})} = 0 \quad (4.23)$$

ここで，

$$L_{pB}^* = \sqrt{\frac{D_{pB}\tau_{pB}}{1+j\omega\tau_{pB}}} \quad (4.24)$$

とおくと，式 (4.23) は次式のように簡単化される．

$$\frac{\partial^2 \tilde{p}_{nB}(x,t)}{\partial x^2} - \frac{\tilde{p}_{nB}(x,t)}{L_{pB}^{*2}} = 0 \quad (4.25)$$

この式は，キャリヤの拡散方程式（式 (3.10) 参照）と全く同じ形である．すなわち，式 (4.24) で与えられる L_{pB}^* が交流的に変化する正孔の拡散長であることがわかる．

ベース接地電流増幅率 α の周波数変化は，主としてベース輸送効率 α_T の周波数依存性で支配される．式 (4.16) において，拡散長 L_{pB} の代わりに式 (4.24) を代入し，$w_B \ll L_{pB}^*$，$\omega \tau_{pB} \gg 1$ を考慮すると，ベース輸送効率の交流成分 $\tilde{\alpha}_T(\omega)$ は次式となる．

$$\tilde{\alpha}_T(\omega) = \frac{1}{\cosh\left(\dfrac{w_B}{L_{pB}^*}\right)} \fallingdotseq \frac{1}{1 + jw_B^2 \omega / 2D_{pB}} \tag{4.26}$$

したがって，$|\tilde{\alpha}_T(\omega)|$ がベース輸送効率の直流成分 $\alpha_{T0}(\fallingdotseq 1)$ の $1/\sqrt{2}$ になる周波数 f_α は，次式で与えられる．

$$f_\alpha = \frac{D_{pB}}{\pi w_B^2}$$

$$= \frac{kT\mu_{pB}}{\pi q w_B^2} \tag{4.27}$$

以上の結果から，α 遮断周波数 f_α は，ベース中を移動する少数キャリヤの移動度に比例し，ベース幅の自乗に反比例することがわかる．図 4.5 には，各種半導体（Si, Ge, GaAs）の f_α（pnp 型 Si トランジスタを 1.0 として規格化）と電子および正孔の移動度を比較して整理した．移動度の値を反映して，f_α は，pnp 型よりも npn 型トランジスタの方が高いこと，Si よりも GaAs トランジスタの方が高いことがわかる．

4.3 各種接地回路の電流増幅率

前節まで，ベースを共通端子とした**ベース接地増幅回路**を用いてトランジスタの動作特性を考察してきた．しかし，増幅回路を構成するには，ベース以外の端子（エミッタ，コレクタ）を共通端子として接地してもよい．ベース接地，エミッタ接地，およびコレクタ接地の各増幅回路を図 4.6 に示す．図 4.3 にみられる逆方向飽和電流 I_{CBO} は，αI_E および $(1-\alpha)I_E$ に比べて非常に小さいため，図 4.6 においては，$I_C \fallingdotseq \alpha I_E$，$I_B \fallingdotseq (1-\alpha)I_E$ と近似されている．

ベース接地増幅回路では，エミッタを入力端子，コレクタを出力端子，**エミ**

$I_C \simeq \alpha I_E$

$I_B \simeq (1-\alpha) I_E$

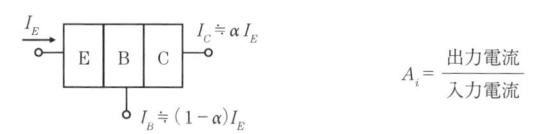

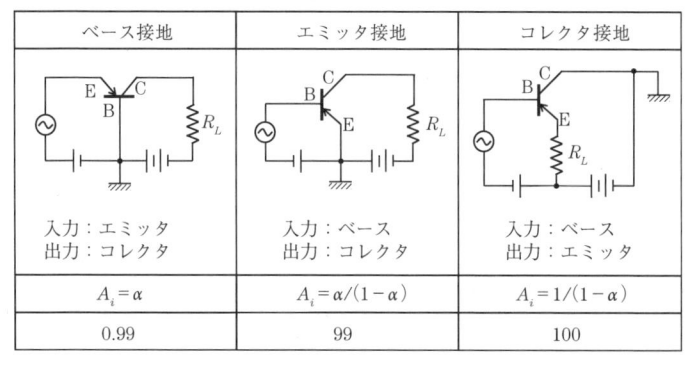

$A_i = \dfrac{\text{出力電流}}{\text{入力電流}}$

ベース接地	エミッタ接地	コレクタ接地
入力：エミッタ 出力：コレクタ	入力：ベース 出力：コレクタ	入力：ベース 出力：エミッタ
$A_i = \alpha$	$A_i = \alpha/(1-\alpha)$	$A_i = 1/(1-\alpha)$
0.99	99	100

図 4.6 バイポーラトランジスタの各種接地回路
回路の電流利得 A_i（入力電流に対する出力電流の比）はベース接地電流増幅率 α を用いて表現できる．最下段は，$\alpha=0.99$ としたときの A_i の値を示す．

ッタ接地増幅回路では，ベースを入力端子，コレクタを出力端子，**コレクタ接地増幅回路**では，ベースを入力端子，エミッタを出力端子とする．ベース接地増幅回路，エミッタ接地増幅回路，コレクタ接地増幅回路では，電流利得 A_i は入力電流に対する出力電流の比で定義されるから，それぞれ，$\alpha, \alpha/(1-\alpha)$，$1/(1-\alpha)$ となる．数値例として，$\alpha=0.99$ の場合の電流利得 A_i を図 4.6 の下段に示している．

ベース接地増幅回路では，電流利得はほぼ 1 である．負荷インピーダンスが高くてもコレクタ電流が流れるので，電圧利得は高くなりうる．出力電流が入力側に帰還しにくいため，高周波増幅器としても利用される．エミッタ接地増幅回路は，電流利得と電圧利得がともに高いため，増幅回路として最もよく利用される．コレクタ接地増幅回路では，電流利得は高いが，電圧利得はほぼ 1 である．入力抵抗が高く，エミッタからの出力がベースへの入力とほぼ同位相であるため，エミッタホロワ回路とも呼ばれる．

演習問題

基本1 エミッタ (E)，ベース (B)，コレクタ (C) からなる npn 型バイポーラトランジスタに関して，以下の問いに答えよ．
(1) バイポーラトランジスタの断面構造および熱平衡状態でのエネルギーバンド図を模式的に描け．
(2) ベース領域を接地したとする．通常の動作状態（活性状態）でエミッタに印加する電圧 V_E，およびコレクタに印加する電圧 V_C の極性は正か負か．前項 (1) で描いた断面構造のなかに，直流電圧源の回路記号を用いて記入せよ．
(3) 活性状態におけるエネルギーバンド図を描け．
(4) ベースを接地したときの電流増幅率を α，エミッタを接地したときの電流増幅率を β とする．β を α を用いて式で表せ．ここで，コレクタ電流を I_C，ベース電流を I_B，エミッタ電流を I_E とすると，$\alpha = I_C/I_E$，$\beta = I_C/I_B$ である．

基本2 バイポーラトランジスタの特性に関して，以下の問いに答えよ．
(1) バイポーラトランジスタのベース接地回路では，ベース-エミッタ間に印加するバイアス電圧を増加させるとベース電流が増加する．その物理的機構を説明せよ．
(2) バイポーラトランジスタを高周波に適したトランジスタとするには，npn 構造とすべきか，pnp 構造とすべきか．理由とともに答えよ．
(3) バイポーラトランジスタのベース接地電流増幅率を増加するには，ベースの不純物密度を高くすべきか，低くすべきか．理由とともに答えよ．

基本3 バイポーラトランジスタにおいて，コレクタ接合に印加する逆バイアス電圧を増大してゆくと，コレクタ接合の空乏層がベース領域へも拡張し，実効的なベース幅が減少してゆく．これを**アーリー (Early) 効果**と呼ぶ．この効果が顕著となるとき，バイポーラトランジスタの特性はどのようになるか．エミッタ接地回路を例にして，エミッタ-コレクタ間の電圧 V_{CE} とコレクタ電流 I_C の関係を模式的に図示せよ．

発展1 バイポーラトランジスタ回路の高速化には，ベース領域の不純物密度 N_B を高くし，ベース抵抗を低減する必要がある．一方，エミッタ領域からベース領域への少数キャリヤの注入効率を上げるには，N_E（エミッタ領域の不純物密度）$\gg N_B$（ベース領域の不純物密度）とする必要があるが，N_E の最大値は，半導体中における不純物原子の飽和固溶密度で制限されている．このよ

うな状況のもとで，バイポーラトランジスタの高速化を可能とするデバイスが**ヘテロバイポーラトランジスタ**である．どのような工夫が行われているか．第3章の演習問題（発展2）を参考として考察せよ．

発展2 3つのpn接合を積層したpnpn構造のデバイスを**サイリスタ**と呼び，大電流のスイッチング素子として用いられている．その断面構造を下図に示す．ここで，Aはアノード電極，Kはカソード電極であり，各領域の不純物密度は，$N_{A1} \fallingdotseq N_{D2} > N_{A2} \gg N_{D1}$である．このデバイスがスイッチング素子として動作する原理を考察せよ．

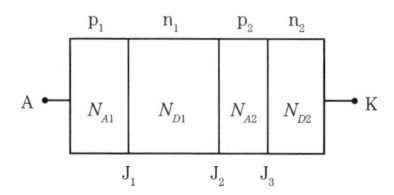

```
           p₁    n₁   p₂   n₂
         ┌─────┬─────┬────┬────┐
    A ●──│ N_A1│ N_D1│N_A2│N_D2│──● K
         └─────┴─────┴────┴────┘
              J₁    J₂  J₃
```

5. MOS型電界効果トランジスタ

本章では，**電界効果トランジスタ**（field effect transistor：FET）の代表例であるMOS型電界効果トランジスタの構造と特性を学ぶ．金属（metal）-酸化物（oxide）-半導体（semiconductor）の積層構造で構成されるMOS構造の特性について学び，次に，MOS型電界効果トランジスタ（MOSFET）の動作特性を理解する．その後，トランジスタ寸法の微細化（スケーリング）による性能向上を考察するとともに，その課題を提示する．MOSFETは，大規模集積回路（large scale integrated circuit：LSI）を構成するデバイスとして最も広く用いられている．本章の内容は，LSIの動作特性を理解し，将来動向を洞察するうえで，非常に重要である．

5.1 MOS構造と基本特性

5.1.1 エネルギーバンド構造

半導体基板の上に絶縁膜（insulator），金属膜を順に積層した構造を総称して**MIS**（metal-insulator-semiconductor）**構造**と呼ぶ．特に，絶縁膜として酸化物（二酸化シリコン（SiO_2）など）の薄膜を用いた構造を，**MOS**（metal-oxide-semiconductor）**構造**と呼ぶ．現在，電界効果トランジスタに一般的に用いられている構造である．

MOS構造の断面図および金属，絶縁膜，p型半導体が，それぞれが単独で存在するときのエネルギーバンド図を図5.1（a）に示す．金属および半導体の仕事関数を W_M，W_{SEM} で，半導体の電子親和力を χ で表している．

いま，絶縁膜中に不純物などの電荷が存在せず，半導体表面に表面準位もない，理想化したMOS構造を仮定することにする．このとき，エネルギーバン

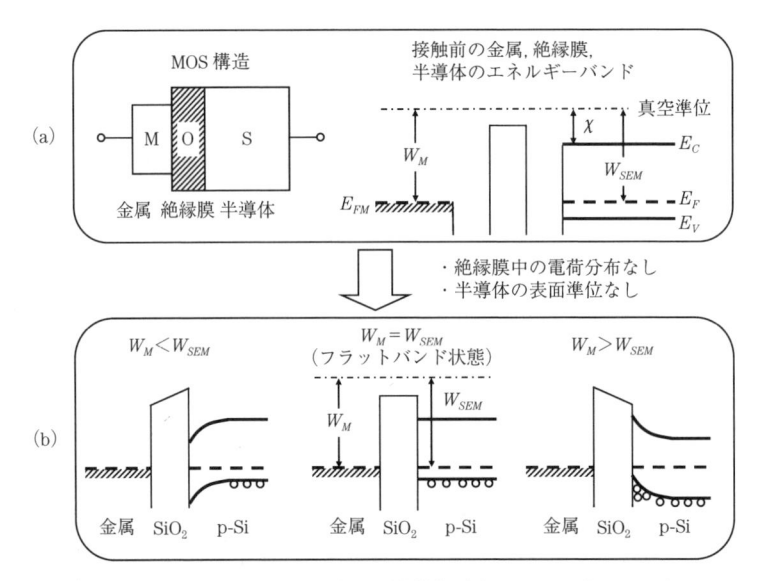

図5.1 MOS構造の断面図（a）と平衡状態（b）のエネルギーバンド図
絶縁膜中に電荷がなく，絶縁膜と半導体界面に準位がなく，かつ金属と半導体の仕事関数が一致している場合，半導体のエネルギーバンドは絶縁膜界面で平坦（フラットバンド状態）である．これを理想MOS構造と呼ぶ．

ド構造は，金属の仕事関数（W_M）と半導体の仕事関数（W_{SEM}）の大小に応じ，図5.1（b）に示す3構造に分類される．

$W_M < W_{SEM}$ の場合，絶縁膜との界面付近で，半導体のエネルギーバンドが下方に曲がる．したがって，半導体がp型の場合には，界面付近に空乏層が形成される．$W_M > W_{SEM}$ の場合には，絶縁膜との界面付近で，半導体のエネルギーバンドが上方に曲がる．p型半導体の場合には，界面付近に正孔の蓄積層が形成される．一方，$W_M = W_{SEM}$ の場合，絶縁膜との界面付近で，半導体のエネルギーバンドは平坦に保たれる．この状態を**フラットバンド状態**と呼ぶ．外部からバイアス電圧を印加していない平衡状態でフラットバンド状態となるMOS構造を，**理想MOS構造**と呼ぶ．

p型半導体を用いた理想MOS構造にバイアス電圧を印加したときの，断面構造とエネルギーバンド構造を模式的に図5.2に示す．半導体基板を接地し，金属電極（ゲート電極）にバイアス電圧 V_G が印加されている．このとき，バイアス電圧の極性と大きさにより，(a) **蓄積状態**（$V_G < 0$），(b) **空乏状態**（0

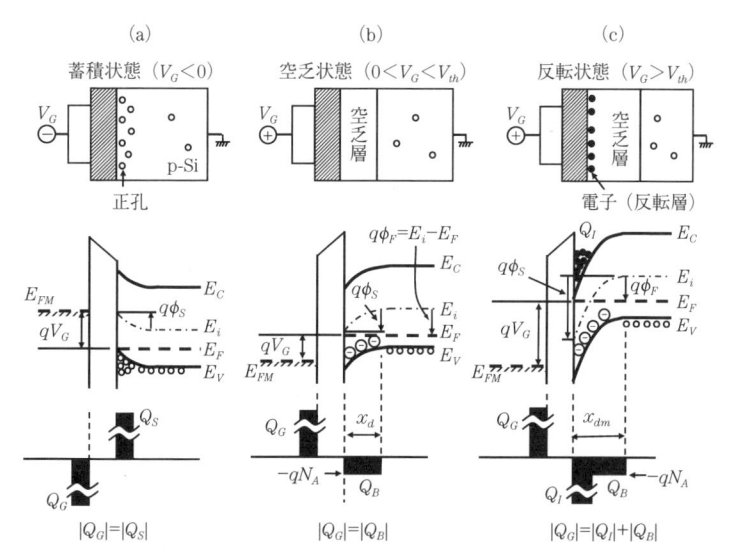

図5.2 p型半導体を用いた理想MOS構造へのバイアス印加
エネルギーバンド構造および電荷分布の変化を示す．バイアス電圧 V_G に応じて，(a) 蓄積状態（$V_G<0$），(b) 空乏状態（$0<V_G<V_{th}$），(c) 反転状態（$V_G>V_{th}$）となる．

$<V_G<V_{th}$），(c) **反転状態**（$V_G>V_{th}$）に分類できる[†]．ここで V_{th} は反転状態を実現するのに必要なゲート電圧のしきい値である．以下，各状態における電荷の発生状況とバンド構造の変化を説明する．

a. 蓄積状態（$V_G<0$）

図5.2 (a) に示すように，ゲート電極に負のバイアス電圧を印加すると，p型半導体中の正孔は静電誘導作用によりゲート電極へ引きつけられる．その結果，絶縁膜とp型半導体の界面に正孔の蓄積層が形成される．多数キャリヤ（正孔）が蓄積するので，この状態を蓄積状態と呼ぶ．

p型半導体のエネルギーバンドは上方に曲がり，E_V は E_F に近づく．すなわち，アクセプタ不純物を高濃度にドープした状況と同じとなる．図中の ϕ_S は，空乏層の外部の中性領域を基準としたときの半導体表面の電位を示しており，**表面電位**と呼ばれる．エネルギーバンド構造の縦軸は電子のエネルギーを

[†] n型半導体を用いた場合は，バイアス電圧の極性と大きさにより，(a) **蓄積状態**（$V_G>0$），(b) **空乏状態**（$0>V_G>V_{th}$），(c) **反転状態**（$V_G<V_{th}$）に分類できる．

表すので，図のように，エネルギーバンドが絶縁膜との界面付近で上方に曲がっている場合，表面電位は負の値をとることになる．

絶縁膜と p 型半導体の界面に正孔が蓄積すると，電荷中性条件を満たすため，ゲート電極と絶縁膜の界面にも電子が蓄積する．ゲート電極と絶縁膜の界面に蓄積する電荷の面密度を Q_G，絶縁膜と p 型半導体の界面に蓄積する電荷の面密度を Q_S とすると，

$$|Q_G|=|Q_S| \tag{5.1}$$

が成立する．

b. 空乏状態 ($0 < V_G < V_{th}$)

図 5.2 (b) に示すように，ゲート電極に正のバイアス電圧を印加すると，p 型半導体中の正孔は静電誘導作用によりゲート電極から遠ざけられる．その結果，絶縁膜と p 型半導体の界面に空乏層が形成される．この状態を空乏状態と呼ぶ．p 型半導体のエネルギーバンドは，絶縁膜との界面付近で下方に曲がり，E_V は E_F から遠ざかる．すなわち，空乏層の形成がエネルギーバンド図からも理解できる．この状態では，表面電位 ϕ_S は正の値となる．

空乏層の形成に伴い，イオン化したアクセプタ不純物による電荷（密度 $-qN_A$）が発生する．空乏層の幅を x_d とすると，空乏層中のアクセプタ不純物による電荷の面密度 Q_B は次式となる．

$$Q_B = -qN_A x_d \tag{5.2}$$

ゲート電極と絶縁膜の界面に誘起される電荷の面密度を Q_G とすると，電荷中性条件より，

$$|Q_G|=|Q_B| \tag{5.3}$$

が成立する．

電荷の面密度 Q_B と表面電位 ϕ_S の関係式をポアソン方程式（式 (3.19)）を用いて導くことにする．絶縁膜と p 型半導体の界面を $x=0$ にとると，p 型半導体中（$x \geq 0$）のポアソン方程式は次式となる．

$$\frac{d^2\phi(x)}{dx^2} = \begin{cases} \dfrac{qN_A}{\varepsilon_s} & (0 \leq x \leq x_d) \\ 0 & (x \geq x_d) \end{cases} \tag{5.4}$$

電位 $\phi(x)$ は，p 型半導体の中性領域を基準とし，表面では ϕ_S となる．また，

空乏層の端（$x=x_d$）では電界は0であるから，次の境界条件が成り立つ．

$$\phi(x) = \begin{cases} 0 & (x=x_d) \\ \phi_s & (x=0) \end{cases}$$

$$-\frac{d\phi(x)}{dx}=0 \quad (x=x_d) \tag{5.5}$$

これらの境界条件を用いて式（5.4）を解くと，次式が得られる．

$$\phi(x)=\phi_s\left(1-\frac{x}{x_d}\right)^2 \tag{5.6}$$

ただし，

$$x_d=\sqrt{\frac{2\varepsilon_s\phi_s}{qN_A}} \tag{5.7}$$

式（5.7）を式（5.2）に代入すると，アクセプタ不純物密度，表面電位と空乏層中の電荷の面密度の関係は，

$$Q_B=-\sqrt{2\varepsilon_s qN_A\phi_s} \tag{5.8}$$

となる．

c. 反転状態（$V_G > V_{th}$）

ゲートに印加する正のバイアス電圧 V_G を増大していくと，図5.2（c）に示すようにエネルギーバンドの曲がりが増加し，絶縁膜との界面付近でp型半導体の E_c が E_F に近づく．これに伴い，表面電位 ϕ_s が増加し，少数キャリヤ（電子）の蓄積が始まる．その結果，p型半導体の表面に自由電子が集まり電子の層が形成される．この層はp型半導体とは極性が異なるため，**反転層**と呼ばれる．

半導体の中性領域におけるフェルミ準位と真性フェルミ準位の差の大きさを $q\phi_F$ と表すと，ϕ_s の大きさが $2\phi_F$ を超えると，絶縁膜と半導体の界面に蓄積する電子密度が，中性領域における正孔密度より高くなる．これを**強い反転**と呼び，この状態を誘起するのに必要なゲート電圧 V_G を**しきい値電圧** V_{th} と呼ぶ．$V_G > V_{th}$ の状態，すなわち反転層が形成されている状態を反転状態と呼ぶ．ゲート電圧をさらに増大すると，エネルギーバンドの曲がりが増加し，反転層の電荷面密度 Q_I が増加してゆく．

絶縁膜とp型半導体の界面付近に形成される空乏層の幅 x_d は，（b）の空乏

状態（$0<V_G<V_{th}$）ではゲート電圧とともに増加し，半導体の表面電位 ϕ_S の大きさが $2\phi_F$ に達すると最大値 x_{dm} となる．反転状態（$V_G>V_{th}$）になると，ゲート電圧を増加しても，空乏層の幅は x_{dm} のままで一定である．いいかえると，V_G を印加し，電荷を誘起するとき，Q_I が湧き出すと，もはや x_d を増加させる必要がないとして現象を理解することができる．

しきい値電圧 V_{th}，空乏層の幅 x_{dm}，および反転層の電荷面密度 Q_I などを定量的に考察する．V_{th} をゲートに印加し，反転層がいままさに形成される状態を考える．空乏層中の電荷の面密度は Q_B，表面電位は $2\phi_F$ であるから，しきい値電圧 V_{th} は

$$V_{th}=-\frac{Q_B}{C_{ox}}+2\phi_F \tag{5.9}$$

となる．ここで，C_{ox} はゲート酸化膜の単位面積当たりの静電容量であり，酸化膜の誘電率を ε_{ox}，厚さを t_{ox} とすると，次式で与えられる．

$$C_{ox}=\frac{\varepsilon_{ox}}{t_{ox}} \tag{5.10}$$

反転状態（$V_G>V_{th}$）における空乏層の幅 x_{dm}，およびアクセプタ不純物による電荷の面密度 Q_B は，式 (5.7), (5.8) の ϕ_S を $2\phi_F$ で置き換えることで次式のように求められる．

$$x_{dm}=2\sqrt{\frac{\varepsilon_S\phi_F}{qN_A}} \tag{5.11}$$

$$Q_B=-2\sqrt{\varepsilon_S qN_A\phi_F} \tag{5.12}$$

反転層の電荷面密度 Q_I は

$$Q_I=-C_{ox}(V_G-V_{th}) \tag{5.13}$$

で与えられる．半導体側には Q_B と Q_I，ゲート電極と絶縁膜の界面には Q_G が発生し，電気的中性条件を満たすため，

$$|Q_G|=|Q_I|+|Q_B| \tag{5.14}$$

の関係が成立している．これらの状況を図 5.2 (c) に示した．

5.1.2 容量-ゲート電圧（C-V）特性

p 型半導体を用いた MOS 構造に，負のゲート電圧を印加した蓄積状態（図 5.2 (a)）では，静電容量 C は酸化膜容量 C_{ox} と等しい．一方，正のゲート

電圧を印加すると，空乏層が形成される（図5.2 (b)）から，MOS 構造の静電容量 C は，C_{ox} と空乏層容量 C_d を直列接続した合成容量で与えられる．したがって，

$$C = \frac{C_{ox} C_d}{C_{ox} + C_d} \tag{5.15}$$

となる．ここで，C, C_{ox}，および C_d は単位面積当たりの容量である．空乏層容量 C_d は，半導体の誘電率を ε_S とすれば，次式で与えられる．

$$C_d = \frac{\varepsilon_S}{x_d} \tag{5.16}$$

さらにゲート電圧を増加すると，空乏層の幅 x_d が増加してゆくから，MOS 構造の静電容量 C は，図5.3 に示すように次第に減少してゆく．

しきい値 V_{th} 以上のゲート電圧 V_G を印加した反転領域では，空乏層幅は x_{dm} と一定である．しかし，反転層が形成されるため，容量-ゲート電圧（C-V）特性は，測定周波数により変化する．

静電容量 C は，ゲート電圧の変化（dV）に対する応答電荷の面密度（dQ）を測定し，次式により求められる．

$$C = \left| \frac{dQ}{dV} \right| \tag{5.17}$$

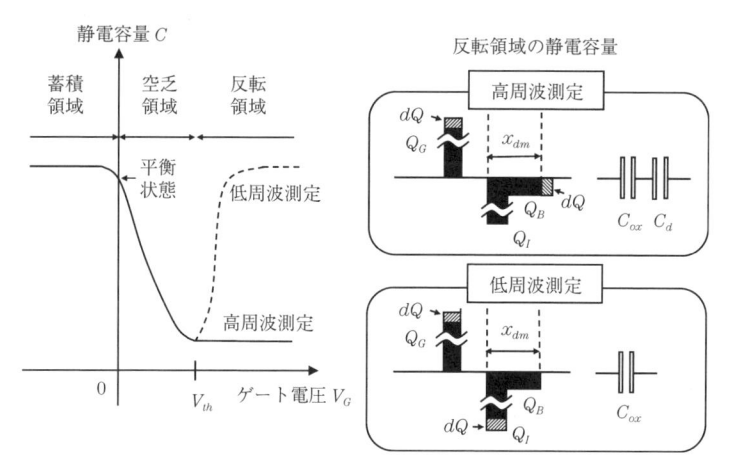

図5.3 p型半導体を用いた理想 MOS 構造の C-V 特性
ゲート電圧 V_G による電荷面密度の変化（図5.2参照）と比較して理解のこと．反転領域では，測定周波数により C-V 特性が異なることに注意．

V の変化速度（dV/dt）が非常に高い高周波測定では，反転層の電荷 Q_I が周波数に追随できず，Q_B のみが応答する．したがって，静電容量 C は一定値となる．一方，低周波測定の場合には，反転層の電荷が dV に応じて生成・消滅できるため，Q_I の変化のみが dQ に反映されることになり，空乏層容量の存在は，実験的には無視されるようになる．また，反転層は数 nm 厚程度と非常に薄いため，反転層容量も無視できる．したがって，図 5.3 の破線に示すように，静電容量 C は増加し，酸化膜容量 C_{ox} に等しくなる．

5.2 MOS 型電界効果トランジスタの基本特性

5.2.1 基本構造と動作原理

MOS 型電界効果トランジスタ（MOSFET） の模式図を図 5.4 に示す．MOS 構造の金属電極を**ゲート**（gate：G）とし，基板と反対の電気的極性を有する領域を基板表面に形成して，それらを，**ソース**（source：S）および**ドレイン**（drain：D）としている．ソースはキャリヤが流れ出る源，ドレインはキャリヤが流れ込む領域，ゲートはキャリヤの流れを制御する扉を意味して

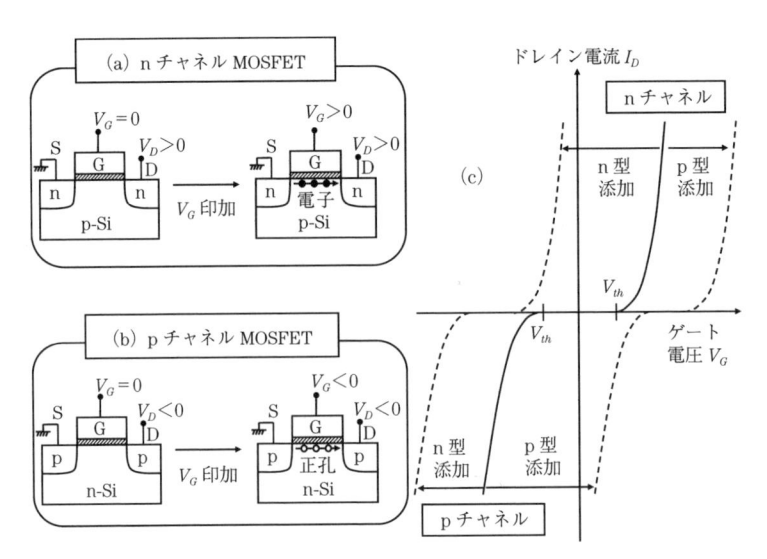

図 5.4 MOS 型電界効果トランジスタ（MOSFET）とゲート電圧 V_G によるドレイン電流 I_D の制御を示す模式図
チャネル領域のドーピングを変調することにより，しきい値電圧 V_{th} が制御できる．

いる．
 　p 型半導体を用いた MOSFET（図 5.4（a））を例にとり，スイッチング特性を説明する．ソースを接地し，ドレインに正のドレイン電圧 V_D を印加する．ソースからドレインへは，n 型（ソース），p 型（基板），n 型（ドレイン）と電気的極性が変化しており，また，基板-ドレイン間の pn 接合が逆方向にバイアスされているので，ゲート電圧 V_G が 0 V のとき，電流は流れない．すなわち，MOSFET は遮断状態にある．ゲートに正の V_G を印加し，この値がしきい値電圧 V_{th} を超えると，ゲート絶縁膜と p 型半導体の界面に反転層（電子の蓄積層）が形成される．その結果，ソースからドレインへ至る領域が同じ電気的極性となり，ドレイン電流 I_D が流れる．ゲート絶縁膜と半導体の界面に形成される反転層は，電流の流路となるので**チャネル**と呼ばれる．この場合，チャネルが n 型であるので，p 型半導体を用いたトランジスタを **n チャネル MOSFET** と呼ぶ．
 　n 型半導体を用いた MOSFET（図 5.4（b））では，ドレインとゲートに負の電圧を印加する．$|V_G|$ が $|V_{th}|$ を超えると，反転層（正孔の蓄積層）が生じ，トランジスタは導通状態となる．この場合，チャネルが p 型であるので，n 型半導体を用いたトランジスタを **p チャネル MOSFET** と呼ぶ．
 　n チャネルおよび p チャネル MOSFET のドレイン電流 I_D とゲート電圧 V_G の関係を図 5.4（c）にまとめている．n チャネル MOSFET のチャネル領域に n 型不純物（ドナー不純物）を添加するとチャネルの形成は容易となり，V_{th} は低下する．一方，p 型不純物（アクセプタ不純物）を添加すると，V_{th} は上昇する．p チャネル MOSFET に p 型不純物や n 型不純物を添加しても同じ現象が発生する．すなわち，チャネル領域のドーピングで V_{th} の制御が可能となる．$V_G=0$ のときに遮断状態にあるトランジスタを**エンハンスメント型**（**ノーマリオフ型**），$V_G=0$ のときでも導通状態にあるトランジスタを**デプリーション型**（**ノーマリオン型**）と呼ぶ．

5.2.2　出力特性
 　n チャネル MOSFET の立体構造と正のゲート電圧 V_G（$V_G > V_{th}$）および正のドレイン電圧 V_D を印加したときのチャネルの生成を模式的に図 5.5 に示

(a) 立体構造 (b) ドレイン電流の導出

x 点のキャリヤ面密度，電位
$I_D = W Q_I(x) \mu_n E(x)$
$Q_I(x) = -C_{ox}(V_G - V_{th} - V(x))$

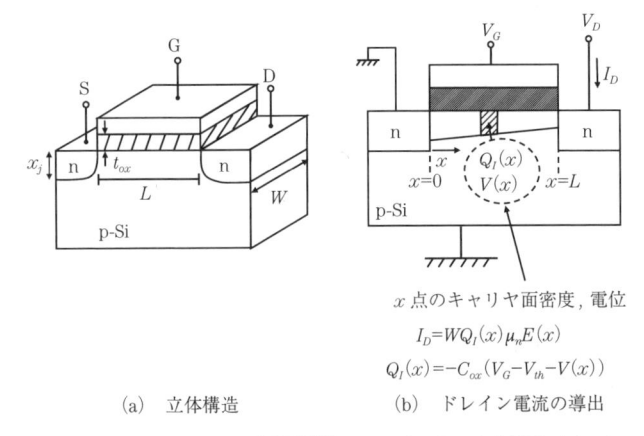

図 5.5 n チャネル MOS 型電界効果トランジスタの立体構造 (a)，およびチャネル形成とドレイン電流の発生を示す模式図 (b) チャネル長を L，チャネル幅を W と表す．チャネル方向に x 軸をとり，ソース端を $x=0$，ドレイン端を $x=L$ とする．

す．同図を用い，ドレイン電流 I_D を与える式を導出する．

ソース端からドレイン端までの距離をゲート長 L，ゲートの奥行き（幅）をゲート幅 W，ゲート酸化膜の厚さを t_{ox} で表す．x 軸をソースからドレインの方向にとり，ソース端を $x=0$，ドレイン端を $x=L$ とする．x 点の電位および電界を $V(x)$ および $E(x)$ とし，チャネルのキャリヤ面密度を $Q_I(x)$ とする．

このとき，ドレイン電流 I_D は次式で与えられる．

$$I_D = W Q_I(x) \mu_n E(x) \tag{5.18}$$

電界 $E(x)$ は，

$$E(x) = -\frac{dV(x)}{dx} \tag{5.19}$$

であるから，I_D は，

$$I_D = -W Q_I(x) \mu_n \frac{dV(x)}{dx} \tag{5.20}$$

となる．

図5.2に示したMOS構造の場合には，$V_G > V_{th}$でチャネルが形成された．しかし，MOSFETの場合には，V_Dの印加によりx点の電位が$V(x)$に上昇している．そのため，$V_G - V(x) > V_{th}$の条件ではじめてチャネルが形成される．すなわち，$V_{th} + V(x)$以上のゲート電圧で，チャネルのキャリヤ（電子）が誘起されるから，$Q_I(x)$は次式となる．

$$Q_I(x) = -C_{ox}(V_G - (V_{th} + V(x))) \tag{5.21}$$

式（5.21）を式（5.20）に代入し，

$$I_D \int_0^L dx = W\mu_n C_{ox} \int_0^{V_D} (V_G - V_{th} - V(x))\,dV(x) \tag{5.22}$$

が得られる．xおよび$V(x)$について積分すると，ドレイン電流I_Dは，ゲート電圧V_G，しきい値電圧V_{th}およびドレイン電圧V_Dの関数として，

$$I_D = \frac{W}{L}\mu_n C_{ox}\left((V_G - V_{th})V_D - \frac{1}{2}V_D^2\right) \tag{5.23}$$

で表記される．

ドレイン電流I_Dの挙動は，ドレイン電圧V_Dとゲート電圧V_Gの大小関係で変化する．この状況を図5.6に示すとともに，以下で説明する．

a. 線型領域（$V_D \ll V_G - V_{th}$）

ドレイン電圧V_Dが非常に小さい場合（$V_D \ll V_G - V_{th}$），式（5.23）は，第2項が無視できるので，次式で近似できる．

$$I_D \fallingdotseq \frac{W}{L}\mu_n C_{ox}(V_G - V_{th})V_D \tag{5.24}$$

I_DはV_Dに比例して増加するから，この領域を**線型領域**と呼ぶ．すなわち，チャネルはV_Dの影響を受けず均一に形成され，I_DとV_Dの間にオームの法則が成立する領域である．

b. ピンチオフ条件（$V_D = V_G - V_{th}$）

ドレイン電圧V_Dが高くなると，逆バイアス状態にあるドレイン端のpn接合から空乏層が広がり始める．$V_D = V_G - V_{th}$に達すると，チャネルはドレイン端（$x = L$）で消失する．この状態を**ピンチオフ状態**と呼び，このときのドレイン電圧を**ピンチオフ電圧**（V_P）と呼ぶ．

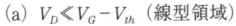

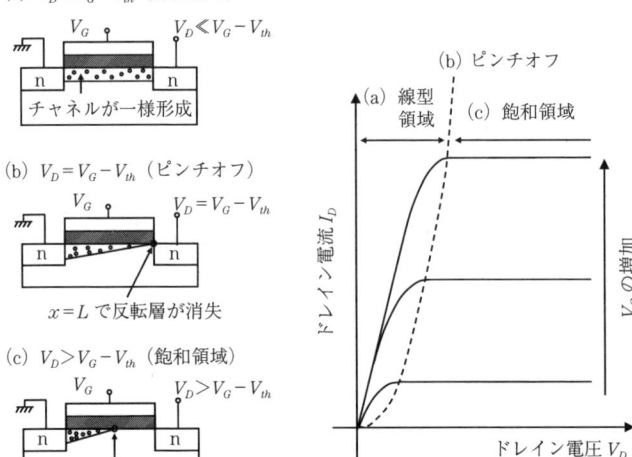

図 5.6 n チャネル MOSFET の動作特性
ドレイン電圧 V_D とゲート電圧 V_G の大小関係に応じ，(a) 線型領域，(b) ピンチオフ条件，(c) 飽和領域に分類される．

$$V_D = V_G - V_{th} \tag{5.25}$$

を，式 (5.23) に代入すると次式を得る．

$$I_D = \frac{1}{2}\frac{W}{L}\mu_n C_{ox}(V_G - V_{th})^2 \tag{5.26}$$

すなわち，ピンチオフ状態では，I_D は V_D に依存しなくなる．

c. 飽和領域（$V_D > V_G - V_{th}$）

 ドレイン電圧 V_D をさらに増加していくと（$V_D > V_G - V_{th}$），ドレイン端付近の空乏層が広がり，チャネルが消失する点（**ピンチオフ点**）がソース側へと移動する．すなわち，ピンチオフ点とドレイン端の間に，チャネルが存在しない領域が形成される．ピンチオフ点の電位はピンチオフ電圧に等しく，かつ，ピンチオフ点からドレイン端までの距離はゲート長に比べて非常に短いため，I_D は式 (5.26) で与えられることになる．すなわち，V_D を増加しても I_D は変化せず，一定の値をとるので，この動作領域を**飽和領域**と呼ぶ．

5.2.3 相互コンダクタンス

MOSFETの性能指標として，次式で定義される相互コンダクタンス g_m が用いられる．

$$g_m = \left.\frac{\partial I_D}{\partial V_G}\right|_{V_D=\text{一定}} \tag{5.27}$$

すなわち，入力電圧（V_G）に対する出力電流（I_D）の変化量を示す指標である．

飽和領域における g_m は式（5.26）から，次式で与えられる．

$$g_m = \frac{W}{L}\mu_n C_{ox}(V_G - V_{th}) \tag{5.28}$$

したがって，相互コンダクタンス g_m を大きくするには，(1) ゲート長 L を短くして，ゲート幅 W を広くする，(2) 酸化膜容量 C_{ox} を大きくする，(3) キャリヤ移動度 μ の高い半導体を選択するなどの工夫が必要である．

■ ■ 5.3 MOS型電界効果トランジスタの微細化と課題 ■ ■

MOSFETは，**大規模集積回路**（LSI）を構成する最も重要なトランジスタである．現在，LSIの高集積化・高性能化を目指して，MOSFETの微細化が進められている．これを**スケーリング**と呼ぶ．通常，MOSFET内部の電界分布がスケーリング前後で等しくなるように，デバイス寸法，電源電圧，および不純物密度などを比例的に変化させる．これを**電界一定の比例縮小則**と呼ぶ．

MOSFETの各パラメータのスケーリングと，スケーリングによるMOSFETの性能向上の概要を図5.7に示す．デバイス寸法（L, W, t_{ox}, x_j）および電源電圧 V は，$1/k$ 倍に縮小されているが，基板不純物密度 N のみが，k 倍となっている．このようなスケーリングを行えばMOSFET内部の電界分布が一定となることは，ポアソン方程式から明らかである．

この比例縮小則にもとづいてMOSFETを微細化すると，集積回路の低消費電力化や高速化が可能となる．MOSFETのドレイン電流 I は式（5.24）より $1/k$ となる．消費電力 VI は，電源電圧 V，ドレイン電流 I ともに $1/k$ 化するため，$1/k^2$ となる．CR 時定数（C：容量，R：抵抗）で支配される集積

スケーリング		
チャネル長	L	
チャネル幅	W	$1/k$
ゲート酸化膜厚	t_{ox}	
接合深さ	x_j	
基板不純物密度	N	k
電源電圧	V	$1/k$

性能の向上		
電流	I	$1/k$
消費電力	VI	$1/k^2$
遅延時間	CV/I	$1/k$

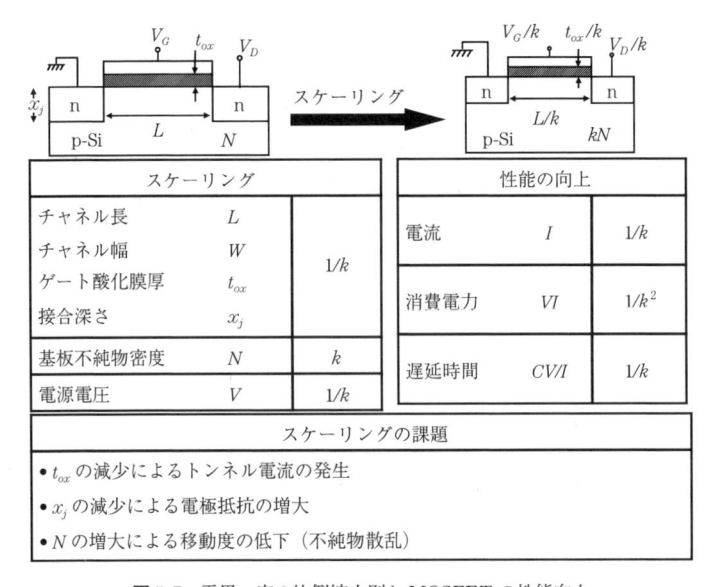

スケーリングの課題
・t_{ox} の減少によるトンネル電流の発生
・x_j の減少による電極抵抗の増大
・N の増大による移動度の低下（不純物散乱）

図 5.7 電界一定の比例縮小則と MOSFET の性能向上
LSI の高集積化を目指し，スケーリングを進めた結果，いくつかの課題が顕在化し始めている．

回路の遅延時間は CV/I であるから，$1/k$ となる．

MOSFET の微細化により，LSI の高集積化と動作性能の向上が同時に実現するため，スケーリングを指導原理として LSI は大発展を遂げてきた．しかし，MOSFET の微細化を進めてゆくと，チャネル長が長い FET では発現しなかったさまざまな課題が顕在化してくる．その代表例である**短チャネル効果**を図 5.8 を用いて説明する．

第 1 の問題は，「しきい値電圧の低下」である．ゲート長 L が微細化すると，ソースおよびドレインからゲート電極の下へと広がる空乏層が無視できなくなる．その結果，ゲート電圧で制御できる空乏層の電荷面密度 Q_B が減少し，しきい値電圧 V_{th} が低下する（式 (5.9) 参照）．その状況を図 5.8 (a) に示す．ゲート電極（長さ：L）の加工時に，ばらつき ΔL が発生したとする．L が長いときには，V_{th} の L 依存性は小さいため，ΔL に起因するしきい値ばらつき ΔV_{th1} は小さい．しかし，L が微細化し，V_{th} の L 依存性が大きくなると，しきい値ばらつきは ΔV_{th2} に増加する．MOSFET を大規模に集積する LSI における大きな課題である．

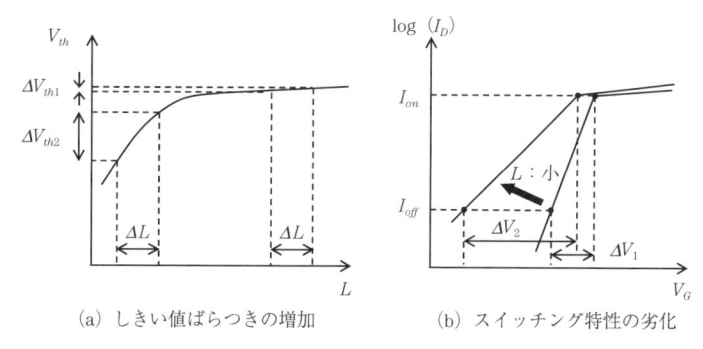

図 5.8　MOSFET の短チャネル効果
MOSFET の微細化に伴い，(a) V_{th} ばらつきの増加，(b) スイッチング特性の劣化などの現象が発生．

　第 2 の問題が，「MOSFET のスイッチング特性の劣化」である．ゲート長 L を微細化すると，ドレイン電圧の影響がソース領域にまで及ぶようになり，ソースと基板間の電位障壁が低下する．その結果，V_G が低い領域でも I_D が流れやすくなる．その状況を，模式的に図 5.8 (b) に示す．L が長いときには，ΔV_1 のゲート電圧振幅で I_D をスイッチングできたが，L が短くなると ΔV_2 が必要となる．すなわち，MOSFET のスイッチング特性が劣化する．LSI の低消費電力駆動を阻害する大きな要因である．

　スケーリングを極限まで進めていくと，LSI に用いられてきた材料の本質的性質に起因していくつかの問題が発生する．それらを図 5.7 の下段に整理した．(1) 酸化膜厚 t_{ox} を極薄化（＜約 5 nm）すると，量子力学的なトンネル電流が発生し，ゲート電極から Si 基板への漏れ電流が発生する現象，(2) ソースおよびドレイン接合の深さ x_j を極浅化（＜約 50 nm）すると，電極抵抗が増大する現象，および (3) チャネル領域の不純物密度 N を増大すると，不純物散乱が増加し，キャリヤ移動度が減少する現象などである．

　これらの課題を克服し，LSI 性能を継続的に向上するため，(1) 誘電率が高く厚膜化が許されるゲート絶縁膜，(2) 抵抗のきわめて低いシリサイド電極，および (3) キャリヤ移動度の高い新チャネル材料（ひずみ Si，SiGe）などの研究開発が世界中で進められている．

演習問題

基本1 n型Si基板に形成された理想的なMOS構造に関して，以下の問いに答えよ．

(1) 金属とn型Si間に印加するバイアス電圧Vを変化することにより，キャリヤの①蓄積，②空乏，③反転などの状態が形成される．それぞれの状態に対応するエネルギーバンド図を示せ．

(2) 金属とn型Si間に印加するバイアス電圧Vを変化することにより，MOS構造の静電容量Cは変化する．高周波測定で得られる静電容量Cの変化の様子をバイアス電圧Vの関数として実線で図示せよ．n型Si基板の不純物密度を高くすると，C-V特性はどのように変化するか．図中に点線で記載し，実線と比較せよ．

基本2 pチャネルMOSFET（ゲート長：L，ゲート幅：W，単位面積当たりのゲート酸化膜容量：C_{ox}）に関して，以下の問いに答えよ．ただし，ソース端を$x=0$，ドレイン端を$x=L$とする．

(1) ソース（S）-ゲート（G）間に負のゲート電圧V_G，ソース（S）-ドレイン（D）間に負のドレイン電圧V_Dを印加したとき，Si表面のx点（$0 \leq x \leq L$）に形成されるチャネルのキャリヤ面密度$Q(x)$を式で示せ．ただし，しきい値電圧をV_{th}，x点における表面電位を$V(x)$とし，$|V_G|>|V_{th}|$とする．

(2) S-D間に負のドレイン電圧V_Dを印加したときに流れるドレイン電流I_Dを式で示せ．ただし，キャリヤの移動度をμ_pとせよ．

(3) 飽和領域（$|V_D| \geq |V_G-V_{th}|$）におけるI_Dを式で示せ．

(4) チャネル領域にp型不純物を添加した．添加する前と比較して，飽和領域におけるI_Dはどのように変化するか．V_Gを一定としたとき，不純物添加によりI_Dは増加するか，減少するかを理由とともに答えよ．

基本3 MOSFETの相互コンダクタンスg_mに関して，以下の問いに答えよ．

(1) 飽和領域（$|V_D| \geq |V_G-V_{th}|$）における相互コンダクタンスg_mを式で示せ．

(2) g_mの値を大きくするには，以下の物理量をどのように変化させればよいか．理由とともに答えよ．
 (a) ゲート幅とゲート長の比
 (b) ゲート酸化膜の誘電率と膜厚の比

(3) Si基板上に形成したMOSFETのg_m値を大きくするには，nチャネルMOSFETとpチャネルMOSFETのいずれが好適か．理由とともに答えよ．

基本4 図5.7に示すスケーリングパラメータを用いてMOSFETを縮小すると，デ

バイスの寸法にかかわらず，半導体中の電界は一定となる．これをポアソン方程式を用いて証明せよ．

発展 1 n型半導体薄膜の上下にp型半導体からなるゲート（G）電極を形成し，その両端にオーミック接触のソース（S）およびドレイン（D）電極を形成したトランジスタ（下図参照）を，**接合型電界効果トランジスタ**（junction field effect transistor：JFET）と呼ぶ．ゲートに印加する電圧を制御することにより，ソースからドレインへ流れる電流を変調できる．この機構を考察せよ．

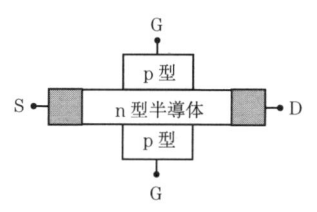

発展 2 複数個の微細なゲート電極を配列したMOS構造を考える．1番目のゲート電極（G_1）には，正のバイアスV_Lを印加し，それ以外のゲート電極（G_2, G_3）への印加バイアスを0とする（下図参照）．したがって，G_1の下部領域のみに，電子が蓄積されている．この電子を，G_2, G_3のゲート下部へと移動させていきたい．これに必要なバイアスの印加方法を考察せよ．このように，電子を次々と移動させ，信号を伝搬するデバイスを**電荷結合素子**（charge-coupled device：CCD）と呼ぶ．

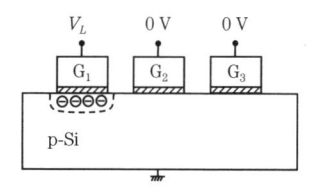

6. 大規模集積回路

　トランジスタ，抵抗，コンデンサ，コイルなどを微細化し，半導体上に集積化した電子回路が，**集積回路**（integrated circuit：IC），あるいは**大規模集積回路**（large scale integrated circuit：LSI）である．IC，LSI は，現代社会のあらゆる分野（家電製品，自動車，航空機など）で使用されている産業規模の大きな製品である．半導体製品（IC，LSI，個別デバイス，光デバイス，センサーなど）の生産額の年次推移を，図 6.1 に示す．このうち，IC，LSI の割合は高く，1970 年代より一貫して，半導体製品全体の約 8 割を占めている．

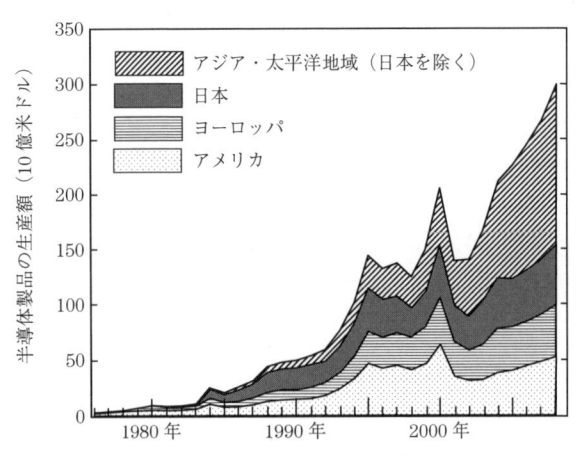

図 6.1 半導体製品（IC，LSI，個別デバイス，光デバイス，センサーなど）の地域別生産額の年次推移
生産額は，1970 年代より，約 20%（平均年率）の成長を続けている．生産額の約 8 割が IC，LSI である．
(World Semiconductor Trade Statistics (WSTS) より)

シリコンサイクルと呼ばれる好不調の波はあるものの，IC，LSI の生産額は平均年率約 20% で成長し，2004 年には，1700 億米ドルを超えた．世界各国の国内総生産（gross domestic product：GDP）の合計の約 0.4% である．"産業の米"となった IC，LSI 産業を育成し，その発展を促すため，多くの国々では，産・官・学が一体となった共同研究や教育プロジェクトが推進されている．

本章では，IC，LSI の概念を理解するとともに，基本回路（ロジック LSI，メモリ LSI）の動作原理を学ぶことにする．

6.1 大規模集積回路の分類

MOSFET は，デバイスの寸法を微細化（スケーリング）すると，動作速度が速くなり，消費電力も減少する．さらに，デバイス構造が単純であるため，微細化（スケーリング）が容易である．これらの特徴を活かし，MOSFET のスケーリングによる IC，LSI の大規模化が図られている．

IC，LSI の分類を図 6.2 に示す．集積したトランジスタの数が，1000 個未満のものを IC，1000〜10 万個のものを LSI，10 万〜1000 万個のものを超大

(a) 集積度による IC，LSI の分類

名称	素子数/チップ
集積回路（integrated circuit：IC）	＜1000
大規模集積回路（large scale integrated circuit：LSI）	1000〜10 万
超大規模集積回路 (very large scale integrated circuit：VLSI)	10 万〜1000 万
超々大規模集積回路 (ultra large scale integrated circuit：ULSI)	＞1000 万

(b) 機能による LSI の分類

名称		機能
ディジタル LSI	論理 LSI	ディジタル信号を用いて論理演算を実行
	メモリ LSI	ディジタル情報を記憶
アナログ LSI		アナログ信号を処理

図 6.2 IC，LSI の集積規模による分類 (a) と機能による分類 (b)
本書では，これらの回路を総称して LSI と呼ぶことにする．

規模集積回路（very large scale integrated circuit：VLSI），1000万個以上のものを超々大規模集積回路（ultra large scale integrated circuit：ULSI）と呼ぶことがある．しかし一般には，これらすべてをIC，あるいはLSIと総称することが多い．（本章では，LSIと表現することにする．）

LSIの集積度，およびMOSFETの最小加工寸法長の年次推移を，図6.3に示す．集積回路の黎明期（1960年代）より，スケーリングによる集積度の向上（約3年で4倍）が継続している．これを**ムーア（Moore）の法則**と呼ぶ．

LSIは機能面から，図6.2 (b) に示すように，**ディジタルLSI**と，**アナログLSI**に大別される．さらに，ディジタルLSIは，**論理LSI**と**メモリLSI**に分類される．

論理LSIは，ディジタル信号を用いて論理演算を実行するLSIであり，マイクロプロセッサ（micro processing unit：MPU），ディジタル信号プロセッサ（digital signal processor：DSP），トランジスタ論理回路（transistor-transistor logic：TTL）などがこれに相当する．メモリLSIは，プログラムやデータなどの情報を記憶するLSIであり，**ダイナミックランダムアクセスメモリ**（dynamic random access memory：DRAM），**スタティックランダム**

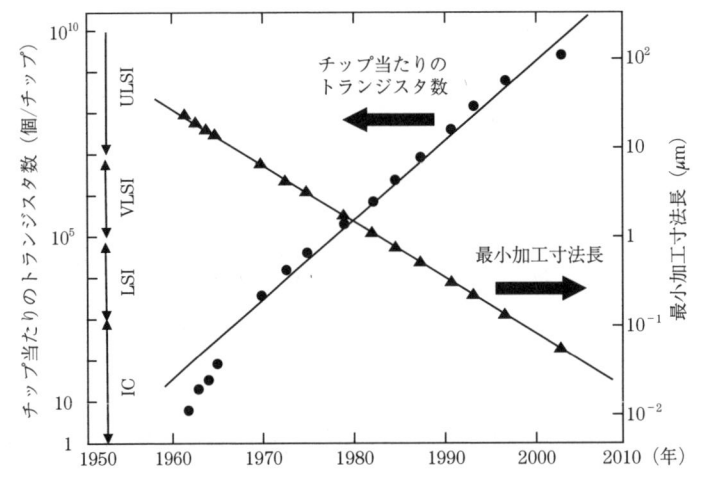

図6.3 LSIの集積度とMOSFETの最小加工寸法長の年次推移

アクセスメモリ (static random access memory：SRAM)，**フラッシュメモリ**などである．一方，アナログLSIには，アナログ信号を増幅する演算増幅器（オペアンプ，operational amplifier），アナログ信号をディジタル信号に変換するアナログ-ディジタル変換器，ディジタル信号をアナログ信号に変換するディジタル-アナログ変換器などがある．

6.2 大規模集積回路の基本回路

6.2.1 論理 LSI

論理代数は，論理学を数学的に表現するため，2値論理を基本としてブール(Boole)が構築した代数で，ブール代数とも呼ばれる．"真"と"偽"の2つの論理状態は，"1"，"0"の数字に対応づけられる．**基本論理演算**は，論理積(AND)，論理和(OR)，および否定(NOT)の3つであり，論理変数をA, Bとして，それぞれ，$A \cdot B$，$A+B$，$\overline{A}$として表される．これらの演算の真理値表を図6.4に示す．これらのほかに，AND演算の後にNOT演算を行うNAND演算($\overline{A \cdot B}$)，OR演算の後にNOT演算を行うNOR演算($\overline{A+B}$)がある．これらの真理値表を図6.5に示す．

ここで，以下の論理代数の基本法則，

$$AA = A \qquad \text{(べき等則)} \qquad (6.1)$$

$$\overline{\overline{A}} = A \qquad \text{(否定則)} \qquad (6.2)$$

入力		出力	
A	B	$A \cdot B$	$A+B$
0	0	0	0
0	1	0	1
1	0	0	1
1	1	1	1

入力	出力
A	$\overline{A}$
0	1
1	0

図6.4　論理積（AND），論理和（OR），および否定（NOT）の演算を示す真理値表

入力		出力	
A	B	$\overline{A \cdot B}$	$\overline{A+B}$
0	0	1	1
0	1	1	0
1	0	1	0
1	1	0	0

図6.5 NAND演算 ($\overline{A \cdot B}$) およびNOR演算 ($\overline{A+B}$) の真理値表

$$\overline{A \cdot B} = \overline{A} + \overline{B} \quad (\text{ド・モルガン (De Morgan) の法則}) \quad (6.3)$$

を用いると，次式が得られる．

$$A \cdot B = \overline{\overline{A \cdot B}} = \overline{\overline{(A \cdot B) \cdot (A \cdot B)}} \quad (6.4)$$

$$A + B = \overline{\overline{A}} + \overline{\overline{B}} = \overline{\overline{A} \cdot \overline{B}} = \overline{\overline{(A \cdot A) \cdot (B \cdot B)}} \quad (6.5)$$

$$\overline{A} = \overline{A \cdot A} \quad (6.6)$$

すなわち，3つの基本論理演算（AND, OR, NOT）が，NAND演算（$\overline{A \cdot B}$）だけで実現できることがわかる．この性質を，「NAND演算は単独で**素演算系をなす**」という．また，NOR演算も同様にして，単独で素演算系をなすことが証明できる．

ある入力に対し，あらかじめ与えられた論理条件に従って論理判断を行い，その結果を出力する回路を論理回路と呼ぶ．ディジタル電子回路を用い，電圧の"高"と"低"を発生し，論理値の"1"と"0"に対応させ，論理回路を構成する．

NOT演算，NAND演算，およびNOR演算の論理式，論理記号，およびそれらの演算を実現する電子回路を，図6.6および図6.7に示す．NOT演算を構成する電子回路は**インバータ回路**と呼ばれることが多い．

図6.6に示す，**抵抗負荷型n-MOSインバータ回路**は，負荷抵抗R_Lとエンハンスメント型のnチャネルMOSFET Tr_Aで構成される．入力電圧V_{in}がMOSFET Tr_Aのしきい値電圧より高い場合，チャネルが形成され，Tr_Aは

	NOT 演算	
論理式	$Y = \overline{A}$	G（ゲート） S ○─┤├─○ D （ソース）　（ドレイン） MOSFET の回路記号
論理記号	$A \triangleright\!\!\!-\!\!\!\circ Y$	
電子回路	抵抗負荷型 n-MOS インバータ ／ E/D 型 n-MOS インバータ ／ CMOS インバータ	

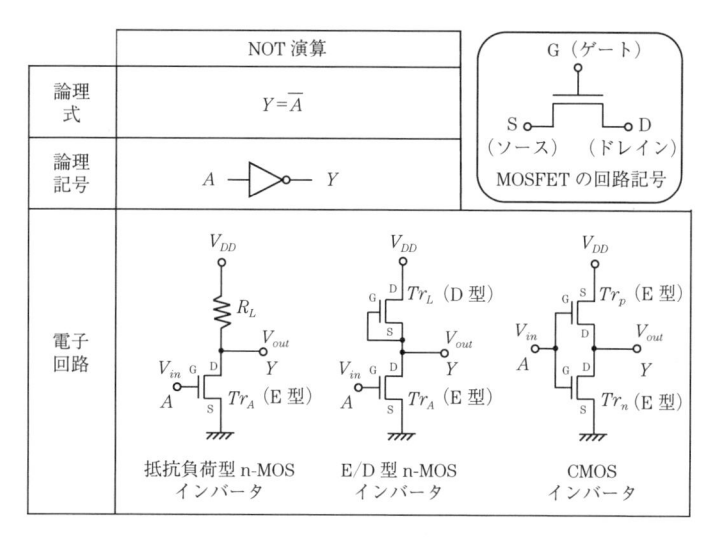

図 6.6　NOT 演算の論理式，論理記号，および MOSFET により構成した電子回路（インバータ回路）

エンハンスメント（E）型の n チャネル MOSFET Tr_A と負荷抵抗 R_L で構成する抵抗負荷型 n-MOS インバータ，エンハンスメント（E）型の n チャネル MOSFET Tr_A とデプリーション（D）型の n チャネル MOSFET Tr_L で構成する E/D 型 n-MOS インバータ，エンハンスメント（E）型の n チャネル MOSFET Tr_n とエンハンスメント（E）型の p チャネル MOSFET Tr_p で構成する CMOS インバータがある．

導通（オン）状態となる．したがって，出力端子が接地され，出力電圧 V_{out} はゼロとなる．一方，入力電圧 V_{in} がしきい値電圧より低い場合には，Tr_A は遮断（オフ）状態となり，出力電圧 V_{out} は負荷抵抗 R_L を介して電源電圧 V_{DD} まで引き上げられる．すなわち，入力電圧の"高"，"低"に対応して，出力電圧は"低"，"高"となり，NOT 演算が実現する．負荷抵抗 R_L は，半導体表面に不純物を拡散して形成するため，所定の抵抗値を得るには，不純物拡散領域の面積が大きくなる．したがって，抵抗負荷型 n-MOS インバータ回路は，集積化に不適である．ゲートとソースを短絡したデプリーション型の n チャネル MOSFET Tr_L を負荷とした回路が，**E/D 型 n-MOS インバータ回路**である．抵抗負荷型 n-MOS インバータ回路よりも，抵抗に要する面積が削減され，高集積化が可能である．

　これらの n-MOS インバータ回路では，入力電圧がしきい値電圧よりも低い

ときには，回路に電流がほとんど流れないが，入力電圧がしきい値電圧より高いときには，負荷抵抗 R_L および負荷 MOSFET Tr_L を通して電流が流れる．このため，回路の消費電力が大きいとの問題が発生する．これらの問題を解決するために開発され，現在広く用いられている回路が，**相補型**（complementary）**MOSインバータ回路**（CMOSインバータ回路）である．

CMOSインバータ回路では，エンハンスメント型のnチャネルMOSFET Tr_n（しきい値電圧 V_{thn}（正））とpチャネルMOSFET Tr_p（しきい値電圧 V_{thp}（負））を直列に接続し，ゲートを共通の入力端子，ドレインを共通の出力端子とする．ここで，MOSFETのしきい値電圧と電源電圧 V_{DD} は，以下の関係を満足するとする．

$$V_{thn}+|V_{thp}|<V_{DD} \tag{6.7}$$

いま，入力電圧 V_{in} が Tr_n のしきい値電圧 V_{thn} より低い場合，Tr_n はオフ状態である．また，Tr_p では，ゲート-ソース間にしきい値電圧 V_{thp} より高い負の電圧（$V_{in}-V_{DD}$）が印加されるため，オン状態となる．したがって，出力電圧 V_{out} は電源電圧 V_{DD} まで引き上げられる．入力電圧 V_{in} が上昇し，Tr_n のしきい値電圧 V_{thn} より高くなると，Tr_n もオン状態となる．入力電圧 V_{in} がさらに上昇し，Tr_p のゲート-ソース間電圧（$V_{in}-V_{DD}$）が，しきい値電圧 V_{thp} より低くなると，Tr_p はオフ状態となる．したがって，出力端子が接地され，出力電圧 V_{out} はゼロとなる．すなわち，入力電圧の"低"，"高"に対して出力電圧は"高"，"低"となり，NOT演算が実現する．

CMOSインバータ回路では，2つのMOSFETが相補的に動作し，入力電圧が高いときには Tr_p が，入力電圧が低いときには Tr_n が，それぞれオフ状態となるのが特徴である．したがって，定常状態ではインバータ回路に電流がほとんど流れず，低消費電力動作が実現する[†]．

図6.7に，2つのCMOSインバータ回路で構成したNAND回路を示す．Tr_{n1} と Tr_{p1}，および Tr_{n2} と Tr_{p2} はCMOSインバータ回路を構成し，Tr_{n1} と Tr_{n2} は直列に，Tr_{p1} と Tr_{p2} は並列に接続されている．2つの論理入力

[†] 論理入力が"1"から"0"へ，または"0"から"1"へと遷移する際には，Tr_p と Tr_n が同時にオン状態となり，電源電圧から接地端子へと**貫通電流**が生じる．CMOSインバータ回路でも消費電力が発生する1つの要因である．

	NAND 演算	NOR 演算
論理式	$Y=\overline{A \cdot B}$	$Y=\overline{A+B}$
論理記号	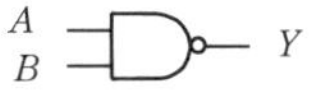 A, B → Y	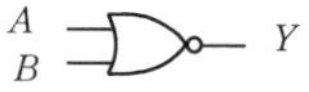 A, B → Y
電子回路	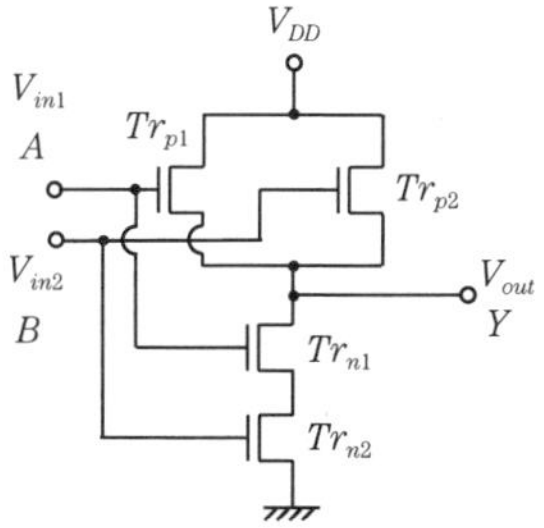 (回路図)	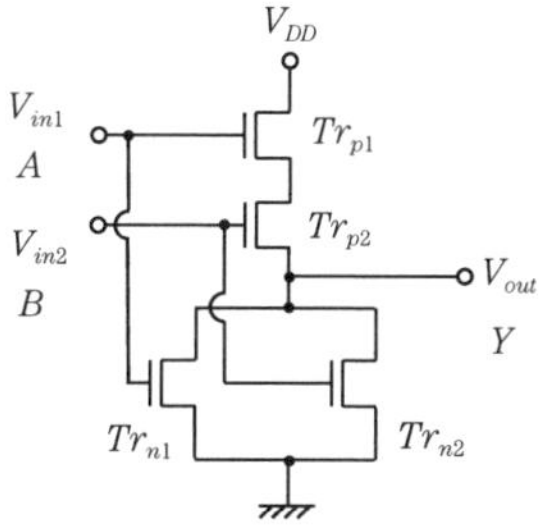 (回路図)

図 6.7 NAND 演算および NOR 演算の論理式,論理記号,および MOSFET により構成した電子回路
CMOS インバータ回路を用いて,NAND 回路および NOR 回路が構成できる.

(A:V_{in1},B:V_{in2}) がともに "1" の場合,Tr_{n1},Tr_{n2} はともにオン状態となり,Tr_{p1},Tr_{p2} はともにオフ状態となる.したがって,論理出力は "0" となる.また,2 つの論理入力のうち,1 つ以上が "0" の場合,Tr_{n1},Tr_{n2} のいずれかは必ずオフ状態となり,Tr_{p1},Tr_{p2} のいずれかは必ずオン状態となる.したがって,論理出力は "1" となり,NAND 演算が実現する.

NOR 回路では,Tr_{n1} と Tr_{p1},および Tr_{n2} と Tr_{p2} が CMOS インバータ回路を構成し,Tr_{n1},Tr_{n2} が並列に,Tr_{p1},Tr_{p2} が直列に接続されている.2 つの論理入力のうち,1 つ以上が "1" の場合,Tr_{n1},Tr_{n2} のいずれかは必ずオン状態となり,Tr_{p1},Tr_{p2} のいずれかは必ずオフ状態となる.したがって,論理出力は "0" となる.

また,2 つの論理入力がともに "0" の場合は,Tr_{n1},Tr_{n2} はともにオフ状態となり,Tr_{p1},Tr_{p2} はともにオン状態となる.したがって,論理出力は "1" となり,NOR 演算が実現する.

6.2.2 メモリ LSI

メモリ LSI は，プログラムやデータなどの情報を記憶する用途に用いられる集積回路である．高集積化に適した MOSFET を用いてさまざまな種類のメモリ LSI が作製されている．それらを図 6.8 に示す．

メモリ LSI は，電源を切ると記憶内容が失われる**ランダムアクセスメモリ**（random access memory：RAM）と，電源を切っても記憶内容が失われない不揮発性の**リードオンリーメモリ**（read only memory：ROM）に大別される．もともと，RAM は，情報を先頭から順番に読み出す磁気テープのような記憶装置（シーケンシャルアクセスメモリ）と対比してつけられた名称である．しかし，現在では，揮発性メモリの総称として用いられている．一方，ROM は，情報の読み出しと書き込みの機能を有する記憶装置と対比する名称であったが，現在では，不揮発性メモリの総称として用いられている．ROM のなかには，情報の書き込みが可能なメモリもある．しかし，読み出し動作に比べて書き込み動作には長い時間が必要である．

a. ランダムアクセスメモリ（RAM）

RAM は，DRAM と SRAM に大別できる．それらの単位回路であるメモ

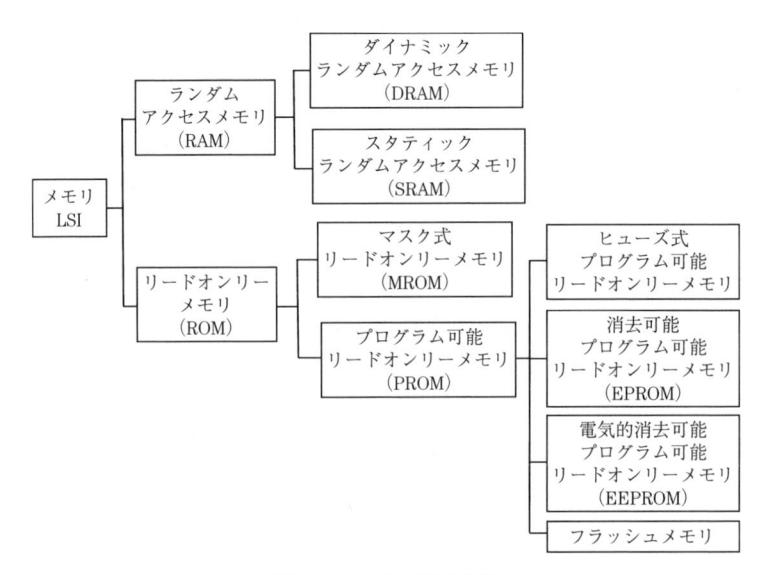

図 6.8 メモリ LSI の分類

リセルを図6.9に示す．DRAMの原理はキャパシタ C に電荷を蓄積し，その電荷量の有無で"1"，"0"の2値とする．したがって，1つのキャパシタ C と，そのキャパシタを充放電するためのスイッチとなるMOSFET，そのメモリセルの場所（アドレス）を指定するためのワード線（word line：WL）およびビット線（bit line：BL）で構成される．

　キャパシタに蓄積された電荷は，MOSFETのリーク電流により徐々に減衰されてゆき，ある時間がたつと，"1"から"0"に反転してしまう．すなわち，一定時間ごとに，キャパシタの充電を行う必要がある．これを**リフレッシュ動作**と呼ぶ．DRAMには，このような欠点が存在するものの，メモリセルを構成するデバイスの数が少ないため，高集積化が比較的容易である．そのため，電子計算機の大容量記憶装置として多用されている．

　一方，SRAMは，2つのインバータからなる**フリップ・フロップ回路**で構成される（図6.9参照）．A点とB点は，インバータ回路の入出力端子であるから，A点の電位が"高"の場合，B点の電位は"低"となり，A点の電位が"低"の場合には，B点の電位は"高"となる．これらの状態を"1"または"0"に対応させる．電源を印加しておけば，これらの状態が保持されるか

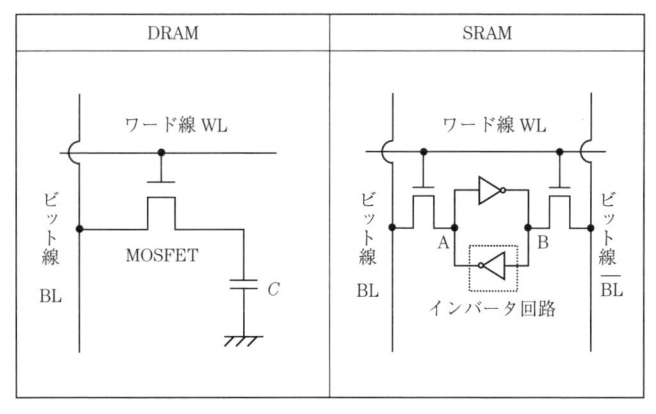

図6.9　ダイナミックランダムアクセスメモリ（DRAM）およびスタティックランダムアクセスメモリ（SRAM）のメモリセルの構成
DRAMは，キャパシタ C に蓄積される電荷の有無に対応して，"1"，"0"の2値とする．SRAMは，フリップ・フロップ回路の双安定状態を"1"，"0"に対応づけて情報を記憶する．

ら，DRAMのようなリフレッシュ動作は必要がない．そこでスタティック（静的な）メモリと呼ばれる．

インバータ回路を構成するには，nチャネルMOSFETとpチャネルMOSFETが必要である（図6.6参照）．したがって，フリップ・フロップ回路にアクセスするための2個のMOSFETを含めると，1つのメモリセルには6つのMOSFETが必要である．SRAMは，メモリセルを構成するMOSFETの数が多いため，単位面積当たりの記憶容量はDRAMよりは小さい．しかし，リフレッシュ動作が不要であり，情報の読み出し速度が速いため，高速で信号を処理するマイクロプロセッサとDRAMなどの大容量記憶装置の間でデータを転送するバッファメモリ（**キャッシュメモリ**）や携帯機器用のメモリとして用いられている．

b. リードオンリーメモリ（ROM）

マスク式リードオンリーメモリ（mask read only memory：MROM）は，LSIの製造工程で，メモリセルに固定情報をつくり込むメモリである．したがって，情報を電気的に書き直すことはできない．まさに文字通りのROMである．

プログラム可能リードオンリーメモリ（programmable read only memory：PROM）は，LSI製造後にユーザが自由に情報を書き込むことができるメモリである．そのうち，個々のメモリセルに接続されたヒューズを電気的に溶断して情報を書き込むメモリが**ヒューズ式PROM**である．ヒューズの溶断を伴うため，情報の変更は不可能である．情報を何度も更新できるPROMとして，**消去可能プログラム可能リードオンリーメモリ**（erasable programmable read only memory：EPROM），**電気的消去可能プログラム可能リードオンリーメモリ**（electrically erasable programmable read only memory：EEPROM），および**フラッシュメモリ**などがある．いずれも，浮遊ゲートを有するMOSFETを用いるのが特徴である．

まず，**浮遊ゲートMOSFET**の構造とメモリ機能を図6.10に示す．通常のMOSFETのゲート電極に相当するのが制御ゲート（control gate：CG）であり，CGと半導体基板の間に，絶縁膜を介して，浮遊ゲート（floating gate：FG）を有している．この浮遊ゲートに電子を注入することにより情報の書き

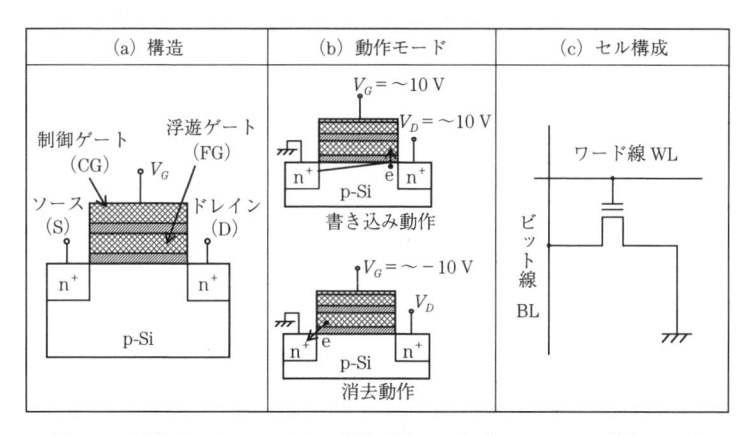

図 6.10 浮遊ゲート MOSFET の構造（a），および EEPROM の動作モード（b）とメモリセルの構成（c）
浮遊ゲート MOSFET では，浮遊ゲートに電子を蓄積することによりしきい値電圧を変化させ，しきい値電圧の"高"または"低"と対応づけて情報を記憶する．

込みを行う．n チャネル MOSFET を例にとると，浮遊ゲートに電子が注入されると，シリコンの表面に反転層が生じにくくなり，MOSFET のしきい値電圧が上昇する．したがって，しきい値電圧の"高"または"低"を検知し，論理値の"1"または"0"に対応させることで，情報の記憶が可能となる．浮遊ゲートに注入された電子は保持され続けるため，不揮発性のメモリとなる．

浮遊ゲートへの電子の注入法には，(1) チャネルのピンチオフ点とドレイン端に高電界を印加してなだれ増倍を発生させ，これらの高エネルギーを有する電子（**ホットエレクトロン**）をゲート酸化膜を通して注入する方法，(2) 制御ゲートを介して高電圧を印加し，量子力学的なトンネル効果を発現させ，電子を浮遊ゲートに注入する方法などがある[†]．

浮遊ゲートに蓄積された電子を除去するには，さまざまな方法が用いられる．EPROM では，ホットエレクトロン効果で浮遊ゲートに注入された電子を，紫外線照射で励起し，半導体基板へと放出させる．したがって，EPROM の場合，浮遊ゲートのみで情報の書き込みと消去ができるので，制御ゲートの

[†]高電界で誘起される絶縁膜のトンネル効果を**ファウラー-ノルトハイム**（Fowler-Nordheim：F-N）**トンネル効果**と呼ぶ．

必要性はない．EEPROM では，書き込み時とは逆の大きなバイアス電圧を制御ゲートに印加し，ファウラー–ノルトハイムトンネル効果により，浮遊ゲートの電子を基板へと放出させる．EEPROM の書き込みおよび消去の動作モードと，メモリセルの構成を図 6.10（b）および（c）に示している．

　フラッシュメモリは，EEPROM と同様の原理を利用しているが，チップ上のトランジスタの全部，またはブロック単位で，一括して情報を消去するよう，MOSFET の接続線を共通化した LSI である．情報の消去に必要な接続線が簡素化されるため，チップ当たりの記憶容量が向上できる．大容量な不揮発性のメモリとして，さまざまな機器の記憶装置に広く利用されている．

演習問題

基本1 NOR 演算が単独で素演算系をなすことを証明せよ．

基本2 2つの入力のうち，いずれか1つのみが"1"のときに限り出力"1"を与え，それ以外の入力では出力"0"を与える論理を**排他的論理和**と呼ぶ．この論理式を示すとともに，その論理式を CMOS 回路で構築する論理回路を図示せよ．

基本3 フラッシュメモリの特徴を，DRAM，SRAM と比較して述べよ．

発展1 電子回路が LSI 化した主たる理由は，電子回路の"小型化"，"高速動作化"，"高信頼性化"および"経済性の向上"である．小型化は自明であり，高速動作化は本文 5.3 節で概説した．LSI 化により回路・システムの信頼性および経済性が向上する理由について考察せよ．

参 考 図 書

〔固体物性に関する教科書〕

キッテル著，宇野良清・津谷　昇・森田　章・山下次郎訳：固体物理学入門（上），（下）（第5版），丸善（1978）．

〔電子デバイス工学に関する教科書〕

小柳光正：電子材料シリーズ サブミクロンデバイス I, II, 丸善（1987）．
古川静二郎・萩田陽一郎・浅野種正：基礎電気・電子工学シリーズ 電子デバイス工学，森北出版（1990）．
管　博・川畑敬志・矢野満明・田中　誠：図説 電子デバイス（改訂版），産業図書（1995）．
川邊　潮・斉藤　忠：セメスター大学講義 半導体工学，丸善（2000）．
松尾直人：半導体デバイス，コロナ社（2000）．
谷口研二・宇野重康：絵から学ぶ半導体デバイス工学，昭晃堂（2003）．
大山英典・葉山清輝，安田幸夫校閲：半導体デバイス工学―デバイスの基礎から製作技術まで―，森北出版（2004）．
A. S. Grove：Physics and Technology of Semiconductor Devices, Wiley（1967）．
S. M. Sze：Physics of Semiconductor Devices, Wiley（1981）．

〔集積回路工学に関する教科書〕

柳井久義・永田　穣：大学講義シリーズ 集積回路工学（1），（2），コロナ社（1987）．
菅野卓雄：電子情報通信学会大学シリーズ 半導体集積回路，コロナ社（1995）．
荒井英輔編著：インターユニバーシティ 集積回路（A），（B），オーム社（1998）．
黒木幸令：学びやすい集積回路工学，昭晃堂（2005）．
岩田　穆：電子情報通信レクチャーシリーズ VLSI工学―基礎・設計編―，コロナ社（2006）．
角南英夫：電子情報通信レクチャーシリーズ VLSI工学―製造プロセス編―，コロナ社（2006）．

演習問題解答

〔第1章〕

基本1 主量子数が同じ軌道をまとめて殻と呼び，K, L, M…と名づけられている．各殻と方位量子数および軌道の対応，各軌道に収容できる電子の最大数を下記に示す．

主量子数	1	2		3			4			
殻	K	L		M			N			
方位量子数	0	0	1	0	1	2	0	1	2	3
軌道	1s	2s	2p	3s	3p	3d	4s	4p	4d	4f
電子数	2	2	6	2	6	10	2	6	10	14

Si原子（原子番号：14）は，14個の電子を有しているので，孤立したSi原子の電子は下記の軌道を占有する．

$$1s^2, 2s^2, 2p^6, 3s^2, 3p^2$$

上付きの数字は，各軌道に存在する電子数を示している．p軌道は，それぞれ，電子が2個まで収容できる p_x, p_y, p_z の3個の軌道で構成される．Si原子が他の原子と接近すると，最外殻（M殻）の3s軌道と $3p_x, 3p_y, 3p_z$ 軌道の混成が生じ，その結果，4個の sp^3 混成軌道を形成する．Si原子の最外殻の4個の電子は，1個ずつ sp^3 混成軌道に収容されるので，4個の不対電子として存在する．したがって，Si原子の価数は4である．

基本2 模式図は図1.2に，理由は本文（1.2.2項）に記載．

基本3
(1) 図1.4および本文（1.3節）に記載．
(2) 直接遷移型半導体：GaAs, GaSb, InP, InAs など．
    間接遷移型半導体：Si, Ge など．

基本4 光子の波長を λ (m)，光の速さを c (m/s)，プランク定数を h (Js) とすると，$E_g = h\nu$ および $c = \lambda\nu$ となる．したがって，$\lambda = ch/E_g = 0.88$ (μm)．

発展1 混晶半導体の格子定数は，混晶比（x）に応じ，比例的に変化する．これを

ベガード（Vegard）則と呼ぶ．したがって，$Si_{1-x}Ge_x$ の格子定数 a は次式で与えられる．

$$a = (1-x)a_{Si} + xa_{Ge}$$

ここで，a_{Si}, a_{Ge} は，Si, Ge の格子定数である．

　混晶半導体のエネルギーギャップを見積もるには，そのエネルギーバンド構造に戻って検討する必要がある．Si および Ge の伝導帯の底のエネルギーは，格子定数に応じてほぼ比例的に変化するが，その比例係数は異なっている．したがって，下図に示すように，ある組成を境として，エネルギーギャップが折れ曲がるように変化する．ただし，実際は，結晶の格子歪みなどを反映し，下図よりはやや複雑な変化を示す．

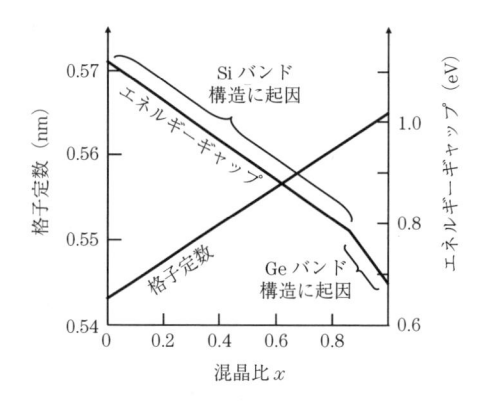

〔第 2 章〕

基本 1

(1)　P, As, Sb などのV族元素．

(2), (3)　図 2.4 および本文（2.2.4 項）に記載．

基本 2

(1)　ドリフト速度を v_d とすると，$v_d = \mu_n(V/L) = 70$ (m/s)．ただし，μ_n は電子の移動度，V は印加電圧，L は試料の長さである．電子が両端を移動するのに要する時間 t は，$t = L/v_d = 860$ (μs)．

(2)　キャリヤの移動度を μ とすると，$\mu = v_d/\mathcal{E} = (l/t)(V/L)^{-1} = 0.14$ (m^2/Vs)．ただし，l は時間 t (8.32 μs) の間に少数キャリヤが移動する距離（10^{-3} m）である．

(3)　電子密度 n は，$n = 2 \times 10^{19}$ (m^{-3})．したがって，正孔密度 p は $p = n_i^2/n = 1 \times 10^{13}$ (m^{-3}) となる．ただし，n_i は真性キャリヤ密度である．

(4) 正孔密度を p, 電子密度を n, アクセプタ密度を N_A, ドナー密度を N_D とする. $N_A>N_D$ であるから, $p=N_A-N_D=2\times10^{19}$ (m^{-3}). したがって, $n=n_i^2/p=1\times10^{13}$ (m^{-3}).

(5) 電子移動度を μ とすると, $\mu=\sigma/qn=1/qn\rho=0.12$ (m^2/Vs). ただし, σ は導電率, q は電気素量, n は電子密度, ρ は抵抗率である.

(6) ドナー密度が (5) よりも高いので, キャリヤのイオン化不純物散乱が大きく, したがって, 移動度は低い (図 2.6 参照).

基本 3

(1) $N_D>N_A$ のときには n 型, 逆のときには p 型となる. N_D と N_A の差が多数キャリヤ密度となる. 結果を下表に示す.

試料番号	(a)	(b)	(c)	(d)	(e)	(f)	(g)
電気型	n	n	p	n	p	n	p
電子密度 (m^{-3})	4×10^{21}	6×10^{21}	4×10^{10}	3×10^{22}	6×10^{10}	6×10^{21}	1×10^{10}
正孔密度 (m^{-3})	6×10^{10}	4×10^{10}	6×10^{21}	8×10^{9}	4×10^{21}	4×10^{10}	2×10^{22}

(2) 低温領域ではイオン化不純物散乱が, 高温領域では格子散乱が支配的となる. 詳細は本文 (2.3.1 項の (b)) に記載.

(3) 試料 (d) は (b) よりも不純物密度が高いので, イオン化不純物散乱がより顕著となる. したがって, 低温領域の移動度が低下する (図 2.6 参照).

(4) 移動度の高い方から順に, 試料 (b), (f), (c) となる. (b) はイオン化不純物散乱が最も少なく, キャリヤが移動度の高い電子であるので, 移動度が最も高い. (f) は, キャリヤが電子であるので, キャリヤが正孔となる (c) よりも移動度が高い.

発展 1 電界 $\mathscr{E}$ のもとで熱平衡状態にある n 型半導体を考えると, その電子密度 n は, 式 (2.8) で与えられる. 熱平衡状態のフェルミ準位は位置 x に依存しないから, 次式が成り立つ.

$$\frac{dn}{dx}=N_C\exp\left(\frac{-(E_C-E_F)}{kT}\right)\cdot\left(\frac{-1}{kT}\right)\cdot\frac{dE_C}{dx} \quad (A\,2.1)$$

E_C は電子 (負電荷) のエネルギーを正にとっているので, $\mathscr{E}=(1/q)(dE_C/dx)$ であるから, 式 (A 2.1) は次式となる.

$$\frac{dn}{dx}=-N_C\exp\left(\frac{-(E_C-E_F)}{kT}\right)\cdot\left(\frac{q}{kT}\right)\mathscr{E} \quad (A\,2.2)$$

これを電流密度の式 (2.31) に代入し, $J_n=0$ (熱平衡状態) とすると, 次式を得る.

$$0=qn\mu_n\mathscr{E}-qD_nN_C\exp\left(\frac{-(E_C-E_F)}{kT}\right)\cdot\left(\frac{q}{kT}\right)\mathscr{E} \quad (A\,2.3)$$

式 (2.8) を用い, この式を整理すると, 式 (2.29) を得る. p 型半導体

についても，同様の考察を行うと，式 (2.30) を得る．

発展 2 GaAs では，伝導帯の底（有効質量：m_1^*）以外にも，谷（有効質量：m_2^*）が存在し，$m_1^* < m_2^*$ の関係となっている（図 1.4 参照）．印加電界の上昇につれ，電子は，有効質量 m_1^* の伝導帯の底から，有効質量 m_2^* の伝導帯の谷へと遷移してゆく．キャリヤの移動度 μ と有効質量 m^* は反比例の関係にあるから，低電界領域よりも高電界領域の方が抵抗値が高くなり，中間の電界領域においては負性抵抗が発生する（次図参照）．

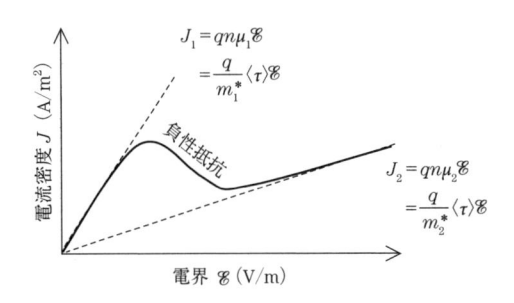

[第 3 章]

基本 1 (a) に比べて (b) では，フェルミ準位が伝導帯の底（n 型領域），あるいは価電子帯の頂（p 型領域）により近接する．これを基本とし本文（3.2.1 項の (a)）を参照してエネルギーバンド図を描くと下図となる．したがって，pn 接合の電位障壁は (b) の方が高い．

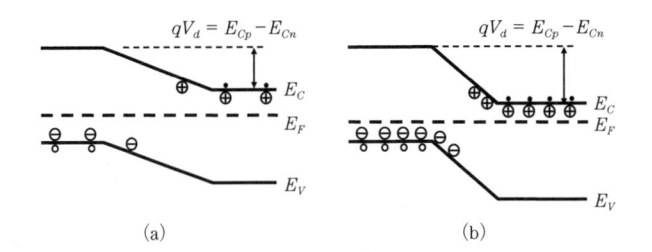

基本 2
(1) 不純物の元素：B, Al, Ga などのIII族元素．
正孔密度：$p = (q\mu_p\rho)^{-1} = 6 \times 10^{23}$ (m^{-3})
電子密度：$n = n_i^2/p = 4 \times 10^8$ (m^{-3})
(2) 不純物の元素：P, As, Sb などのV族元素．
電子密度：$n = (q\mu_n\rho)^{-1} = 1 \times 10^{21}$ (m^{-3})

正孔密度：$p = n_i^2/n = 2 \times 10^{11}$ (m^{-3})

(3) 本文（3.2.1項の（b））および図 3.2 を参照して記載のこと．図 3.2 はアクセプタ密度 N_A がドナー密度 N_D と比較的に近い場合（$N_A \fallingdotseq N_D$）のエネルギーバンド図である．一方，本問では，$N_A \gg N_D$ となっている．したがって，図 3.2 と比べると，次図のように，p 型領域のフェルミ準位 E_{Fp} は価電子帯の頂 E_V により近接し，かつ空乏層の大部分は pn 接合界面から n 型領域側へ伸びる形となる．

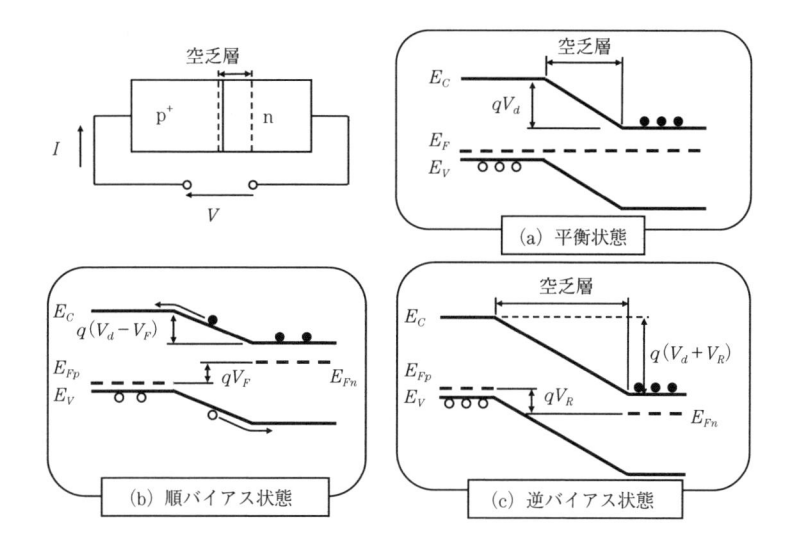

基本 3

(1) 式（3.23）に数値代入（$N_A = 10^{22}$ m^{-3}, $x_p = 0.1$ μm, $x_n = 10$ μm）すれば，n 型領域の多数キャリヤ密度 N_D は，10^{20} m^{-3} となる．少数キャリヤ（正孔）密度 p は，$np = n_i^2$（n_i：真性キャリヤ密度）に数値代入（$n = N_D = 10^{20}$ m^{-3}, $n_i = 1.5 \times 10^{16}$ m^{-3}）すれば，2×10^{12} m^{-3} となる．

(2) 式（3.32）より，10 μF/m^2．

(3) n 型領域のドナー密度 N_D が 0.5 倍に減少した．式（3.23）より，pn 接合界面から n 型領域側への空乏層の幅は 20 μm に増加する．したがって，式（3.32）より，空乏層容量は減少する．

基本 4 $W_M \leqq \chi$ の場合のエネルギーバンド図を次図に示す．図 3.6 と比較すると，ショットキー障壁が生じていない様子がよくわかる．

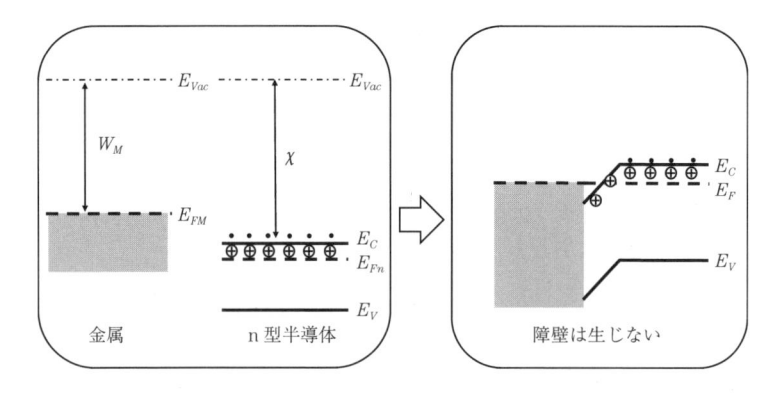

平衡状態および正あるいは負のバイアスを印加したときのバンド構造を下図に示す．ショットキー障壁がないので，印加電圧に比例した電流が流れ，オーミック接触となる．

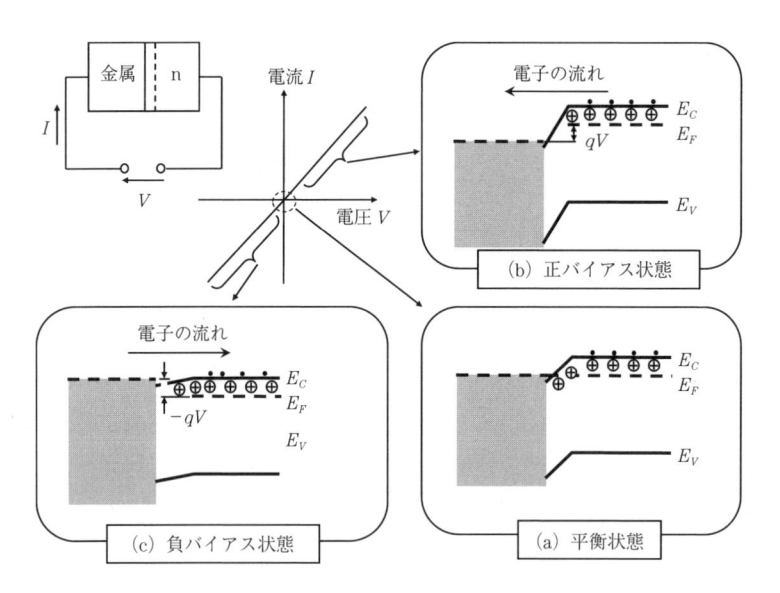

発展 1

(1) ②の場合．光子のエネルギーが Si のエネルギーギャップ E_g (1.12 eV) より大きい場合，光子吸収で，電子・正孔対が生成される．pn 接合付近で発生した電子および正孔は空乏層の逆バイアス電界で加速され，それぞれが，n 型および p 型領域へと移動し，逆方向電流が増加する．すなわち，pn 接

合を用いることにより，E_g より大きなエネルギーを有する光子の検出が可能となる．
(2) E_g 以上のエネルギーを有する光子の照射で，電子・正孔対が生成される．空乏層の拡散電位により生じる電界で，電子および正孔は加速され，それぞれが，n 型および p 型領域へと移動する．したがって，負荷抵抗を通じて電流が流れる．すなわち，pn 接合を用いると，光発電が可能となる．

発展 2
(1) 独立に存在している n 型の Si と真性（i 型）の $Si_{0.5}Ge_{0.5}$，および両者を接合したときのエネルギーバンド図を次図に示す．伝導帯および価電子帯のポテンシャルの不連続（とび）は，それぞれ，$\Delta E_C = 0.06$ eV，$\Delta E_V = 0.26$ eV となる．

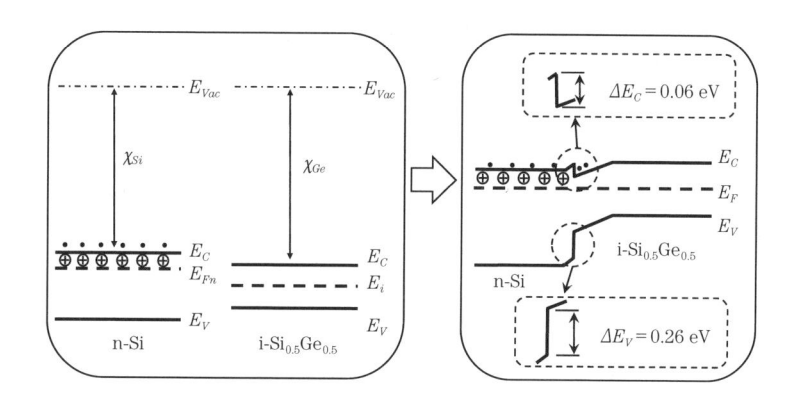

(2) n-Si/i-$Si_{0.5}Ge_{0.5}$ ヘテロ接合の界面には，ポテンシャルのとびが生じる．n 型 Si のドナー不純物から発生した自由電子は，この溝に集まり，伝導する．ドナー不純物と自由電子の存在する位置が空間的に分離されるので，イオン化不純物散乱は発生しない．したがって，ドナー不純物を添加した単層の n 型 $Si_{0.5}Ge_{0.5}$ と比べて，電子移動度はきわめて高くなる．これが，ヘテロ接合を用いる 1 つの利点である．

〔第 4 章〕
基本 1
(1) 次図 (a)（p.98）に示す．
(2), (3) 次図 (b)（p.98）に示す．
(4) $I_C \fallingdotseq \alpha I_E, I_B \fallingdotseq (1-\alpha) I_E$ と近似すると，$\beta = \dfrac{I_C}{I_B} = \dfrac{\alpha}{1-\alpha}$.

(a) 平衡状態　　(b) 活性状態

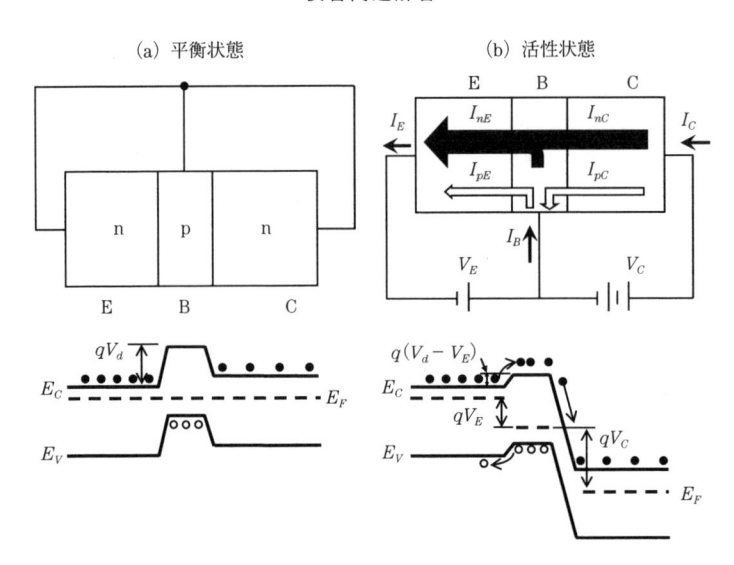

基本 2

(1) ベース(B)-エミッタ(E)間の印加電圧を増加すると，EからBへ注入される少数キャリヤが増加する．その結果，B領域では，少数キャリヤと再結合して消滅する多数キャリヤが増加する．この多数キャリヤを補うため，ベース電流が増加する．

(2) 正孔よりも移動度の高い電子がB領域を走行するnpn構造とすべき（式(4.27)参照）．

(3) 式(4.15)を参照．E-B間の少数キャリヤの注入量を，(E→B)＞(B→E)とする必要があるので，ベースの不純物密度を低くすべき．

基本 3

pnp型バイポーラトランジスタのエミッタ接地回路を模式的に下図に示す．

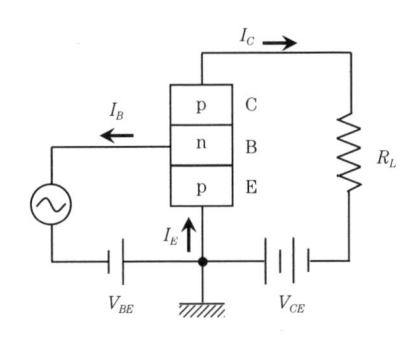

活性状態におけるバイポーラトランジスタでは，コレクタ電流 I_C はベース電流 I_B に依存して決まり，次式の関係が成立する（本章演習問題の基本 1 (4) 参照）．

$$I_C \fallingdotseq \beta I_B \tag{A 4.1}$$

ここで，β はエミッタ接地電流増幅率である．また，ベース電流 I_B は，エミッタ-コレクタ間の電圧 V_{CE} には依存しないので，I_C は V_{CE} には依存しない．

バイポーラトランジスタは，エミッタ-ベースの pn 接合が順バイアス，ベース-コレクタの pn 接合が逆バイアスされているときに，活性状態となる．この条件が満たされる領域を下図にハッチングで示す．エミッタ-ベースの pn 接合に順バイアスが印加されているとき，ベース電流 I_B は正の値をとる．すなわち，$I_{B1}=0$ より下図の境界①が決まる．一方，ベース電流 I_B を増加するためにエミッタ-ベース間の電圧 V_{BE} を増加すると，ベース-コレクタの pn 接合に印加される逆バイアス（$V_{CE}-V_{BE}$）が減少する．ベース-コレクタ間のバイアス状態を逆方向に保持するには，エミッタ-コレクタ間の電圧 V_{CE} を増加する必要がある．これにより，境界②が決まる．境界①と境界②で挟まれた活性領域においては式（A 4.1）が成立するから，エミッタ-コレクタ間の電圧 V_{CE} とコレクタ電流 I_C の関係は，図中の実線のようになる．すなわち，コレクタ電流 I_C はベース電流 I_B で制御できる．

しかし，実際のバイポーラトランジスタでは，コレクタ接合に印加する逆バイアス電圧の影響を無視することができない．逆バイアス電圧を増加すると空乏層はベース側へと広がり，ベース幅が実効的に減少し，その結果，コレクタ電流 I_C はバイアス電圧とともに緩やかに増加する．この現象を**ア**－

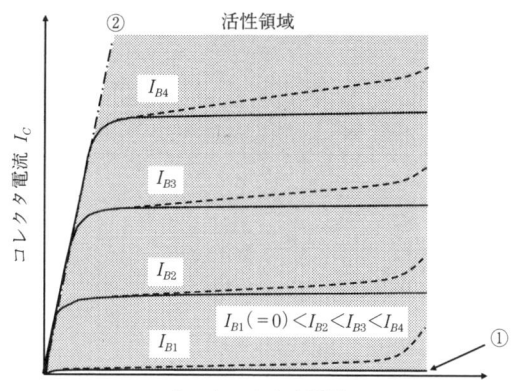

リー（Early）効果と呼ぶ．バイアス電圧が極端に高くなると，ベース領域は消失し，コレクタ電流 I_C が急増する場合がある．この状態をパンチスルーと呼ぶ．

以上の結果，エミッタ-コレクタ間の電圧 V_{CE} とコレクタ電流 I_C の関係は前ページの図の破線のようになる．

発展1 ベースを $Si_{1-x}Ge_x (0<x<1)$ とした npn 型ヘテロバイポーラトランジスタがその一例である．$x=0.5$ としたときの断面構造と平衡状態のエネルギーバンド図を下図に示す．B から E へ流れる正孔に対する障壁 qV_{dp} が，E から B へ流れる電子に対する障壁 qV_{dn} よりも高いので，B の不純物密度を高くしても，エミッタ注入効率 γ が低下しない．すなわち，ヘテロ構造を用いることにより，$N_E \gg N_B$ の制約が解除される．その結果，B 領域の不純物密度を増加し，ベース抵抗を十分に低くできるので，高速動作が可能となる．

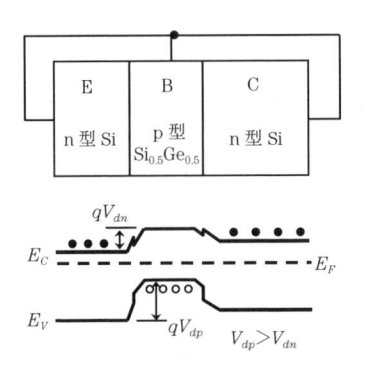

発展2 サイリスタの電流-電圧特性を下図に示す．

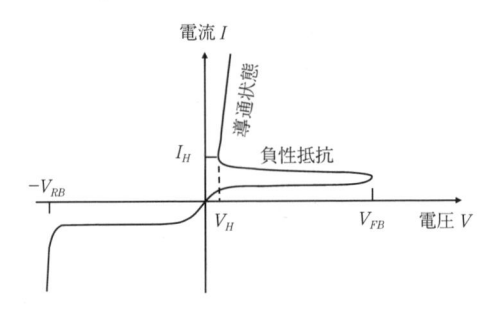

アノード電極に正の電圧を印加した場合，pn 接合 J_1, J_3 は順バイアス状態，J_2 が逆バイアス状態となるため，電圧のほとんどは J_2 に印加される．

印加電圧が小さい領域では電流は流れないが，J_2 における逆バイアス電圧が逆降伏電圧を超えると，J_2 でなだれ降伏が生じる．このときの電圧を順方向阻止電圧 V_{FB} と呼ぶ．

なだれ降伏で生じた正孔は n_1 領域，電子は p_2 領域に蓄積する．その結果，J_2 の逆方向耐圧が急減し，サイリスタは導通状態となる．その移行過程で，図にみられる負性抵抗が現れる．図中の V_H を保持電圧，I_H を保持電流と呼ぶ．サイリスタに流れる電流を I_H 以上に保てば，導通状態が保持されるが，電流を I_H より小さくすれば，J_2 の逆方向耐圧が回復し，サイリスタは遮断状態となる．

一方，アノード電極に負の電圧を印加した場合，J_2 は順バイアス状態，J_1, J_3 が逆バイアス状態となる．印加電圧が小さい領域では電流は流れないが，印加電圧が大きくなり，J_1, J_3 の降伏電圧を超えると，逆方向電流が流れる．このときの電圧を逆方向降伏電圧 V_{RB} と呼ぶ．

〔第 5 章〕
基本 1

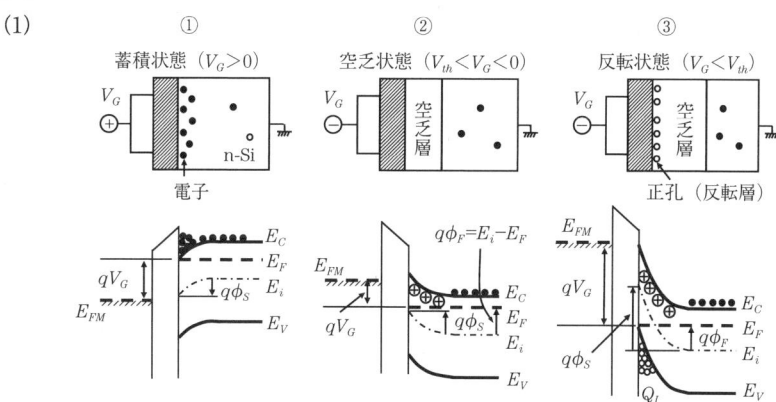

(1)

① 蓄積状態（$V_G > 0$）　② 空乏状態（$V_{th} < V_G < 0$）　③ 反転状態（$V_G < V_{th}$）

(2) 式 (5.9), (5.11), (5.12) は，p 型半導体を用いた MOS 構造にバイアス電圧を印加したときの式である．n 型半導体の場合，これらの関係は次式となる．

$$V_{th} = -\frac{Q_B}{C_{ox}} - 2\phi_F \tag{5.9'}$$

$$x_{dm} = 2\sqrt{\frac{\varepsilon_s \phi_F}{qN_D}} \tag{5.11'}$$

$$Q_B = 2\sqrt{\varepsilon_s q N_D \phi_F} \tag{5.12'}$$

ここで，N_D はドナー不純物の密度である．N_D を高くすると，フェルミ準位は伝導帯の底に接近するので，フェルミ準位と真性フェルミ準位の差 ϕ_F は増加する．式 (5.12′) より，電荷の面密度 Q_B も増加する．したがって，式 (5.9′) よりしきい値電圧 V_{th} は V'_{th} へと負の方向にシフトする．

N_D, ϕ_F ともに増加するが，ϕ_F の増加の程度は，N_D に比べ小さいため，式 (5.11′) より，反転状態における空乏層の幅 x_{dm} が減少する．したがって，反転状態における空乏層容量 C_d は C'_d へと増加する．一方，酸化膜容量 C_{ox} は変化しない．

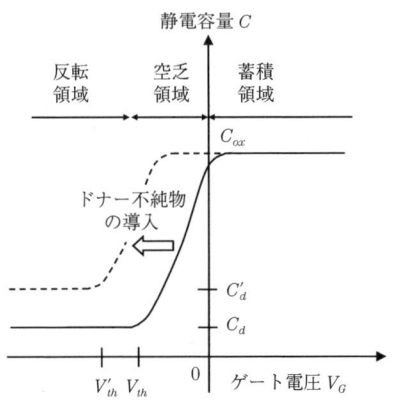

基本2

(1) p チャネル MOSFET では，正孔がチャネルに蓄積する．ゲート電圧 V_G は負であるので，式 (5.21) と同じ式になる．

(2) ドレイン電流の正の向きは，n チャネル MOSFET と同じ向きにとる（図 5.5 (b) 参照）．キャリヤの電荷（正），ドレイン電圧の極性（負）を考慮すると，p チャネル MOSFET のドレイン電流は次式で与えられる．

$$I_D = -W Q_I(x) \mu_p E(x) \quad (A\,5.1)$$

この式を用い，n チャネル MOSFET のときと同様に計算すれば，次式を得る（5.2.1 項参照）．

$$I_D = -\frac{W}{L} \mu_p C_{ox} \left((V_G - V_{th}) V_D - \frac{1}{2} V_D^2 \right) \quad (A\,5.2)$$

(3) $I_D = -\dfrac{1}{2} \dfrac{W}{L} \mu_p C_{ox} (V_G - V_{th})^2$

(4) 図 5.4 より，チャネル領域に p 型不純物を添加すると，しきい値電圧 V_{th} は正の向きにシフトする．したがって，$(V_G - V_{th})^2$ が増加するので，I_D は増加する．

基本 3
(1) 式 (5.28) に同じ．
(2) 式 (5.28) より下記となる．
   (a) ゲート長に対するゲート幅の比を大きくする．
   (b) 酸化膜容量 C_{ox} を大きくするために，ゲート酸化膜厚に対する誘電率の比を大きくする．
(3) Si では，電子移動度の方が正孔移動度よりも大きい．したがって，g_m 値を大きくするには，n チャネル MOSFET が好適である．

基本 4 半導体中の一次元ポアソン方程式は次式で与えられる．

$$\frac{d^2\phi(x)}{dx^2} = -\frac{\rho}{\varepsilon_s}$$

$$= -\frac{q}{\varepsilon_s}[(N_D+p)-(N_A+n)] \quad (A\,5.3)$$

図 5.7 のスケーリング則に従えば，$\phi'(x')=\phi(x)/k$, $x'=x/k$, $N_A'=kN_A$, $N_D'=kN_D$, $n'=kn$, $p'=kp$ となる．これらを式 (A 5.3) に代入すると，次式となる．

$$\frac{d^2(k\phi'(x'))}{d(kx')^2} = -\frac{q}{\varepsilon_s}\left[\left(\frac{N_D'}{k}+\frac{p'}{k}\right)-\left(\frac{N_A'}{k}+\frac{n'}{k}\right)\right] \quad (A\,5.4)$$

これを変形すれば，次式を得る．

$$\frac{d^2\phi'(x')}{dx'^2} = -\frac{q}{\varepsilon_s}[(N_D'+p')-(N_A'+n')] \quad (A\,5.5)$$

すなわち，スケーリング前後において，ポアソン方程式は不変である．したがって，式 (A 5.3) を x で積分して求められるスケーリング前の電界と，式 (A 5.5) を $x'=x/k$ で積分して求められるスケーリング後の電界は一致する．

発展 1 S-G 間の電圧が 0 の状態で，S-D 間に電圧を印加すると，n 型半導体薄膜がチャネルとなり，ドレイン電流が流れる．すなわち，JFET は導通状態となる．S-G 間に負の電圧を印加すると，上下のゲート（p 型半導体）と n 型半導体薄膜間の pn 接合が逆バイアス状態となり，空乏層が n 型半導体薄膜内部へと広がり，チャネルの厚さが薄くなる．したがって，ドレイン電流は減少する．ゲート電圧を十分に高くすれば，上下の空乏層が接触し，チャネルが完全に消失する．すなわち，ドレイン電流は 0 となり，JFET は遮断状態となる．

発展 2 G_1 に正のバイアス V_L を印加したまま，時刻 $t=0$ で，G_2 に正のバイアス V_H ($0<V_L<V_H$) を印加すると，G_2 下部が大きく空乏化し，G_1 下部の電子が G_2 下部へと移動する（図 (a)）．電子・正孔対の熱的な生成時間を t_G とすると，$0<t<t_G$ の時刻 t では，G_2 下部に反転層は形成されず，G_1 から移

動した電子のみが蓄積される．さらに，時刻 t ($t<t_G$) で，G_2 への印加バイアスを V_L に低減すると同時に G_3 に V_H を印加すると，G_2 下部に蓄積されていた電子が G_3 下部へと移動する（図 (b)）．このようにして，電子を次々に移動させることが可能となる．

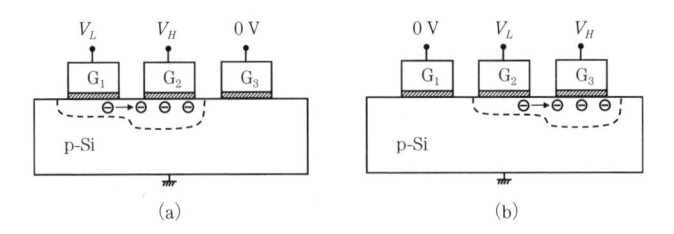

[第6章]

基本1 論理代数の基本法則（式 (6.1), (6.2), (6.3)）を用いると，次式が得られる．

$$A \cdot B = \overline{\overline{A} \cdot \overline{B}} = \overline{\overline{A} + \overline{B}} = \overline{\overline{(A+A)} + \overline{(B+B)}} \quad (6.4')$$

$$A + B = \overline{\overline{A+B}} = \overline{\overline{(A+B)} + \overline{(A+B)}} \quad (6.5')$$

$$\overline{A} = \overline{A+A} \quad (6.6')$$

したがって，3つの基本論理演算（AND, OR, NOT）が，NOR 演算（$\overline{A+B}$）だけで実現できることがわかる．すなわち，NOR 演算は単独で素演算系をなす．

基本2 任意の組み合わせの入力変数（A, B）について，値が "1" である変数はそのまま，値が "0" である変数は否定記号を付して，それらの論理積をとった項を**最小項**と呼ぶ．このとき，論理関数の論理式は，論理関数の出力が "1" となるすべての最小項の論理和で与えられることが知られている．

排他的論理和の真理値表，および最小項を下記に示す．

入力		出力	最小項
A	B	Y	
0	0	0	$\overline{A} \cdot \overline{B}$
0	1	1	$\overline{A} \cdot B$
1	0	1	$A \cdot \overline{B}$
1	1	0	$A \cdot B$

したがって，論理式は次式となる．

$$Y = \overline{A} \cdot B + A \cdot \overline{B} \quad (A6.1)$$

これを，CMOS 回路に適した論理記号（NOT, NAND, NOR）を用いて構

成すると，下図となる．すなわち，5つのNOT回路，2つのNAND回路，および1つのNOR回路が必要となる．NOT回路，NAND回路，NOR回路を構成するには，それぞれ，2個，4個，4個のMOSFETが必要であるので，この論理回路には，合計22個のMOSFETが必要となる．（CMOS回路による各基本論理演算の構成法については，本文の図6.6，および図6.7を参照のこと．）

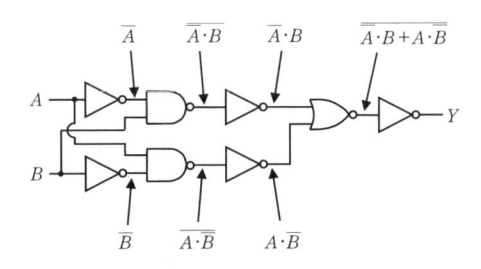

集積回路においては，動作速度の高速化，およびコストの低減のため，必要最小限のMOSFETで回路を構成することが重要となる．論理代数の基本法則を用いると，論理式（A 6.1）は以下のように変形できる．

$$Y = \overline{A} \cdot B + A \cdot \overline{B}$$
$$= \overline{A} \cdot B + \overline{A} \cdot A + A \cdot \overline{B} + B \cdot \overline{B}$$
$$= \overline{A} \cdot (A+B) + \overline{B} \cdot (A+B)$$
$$= (\overline{A} + \overline{B}) \cdot (A+B)$$
$$= \overline{A \cdot B} \cdot \overline{(A+B)}$$
$$= \overline{\overline{A \cdot B} + \overline{A+B}}$$
$$= \overline{\overline{A \cdot B} + \overline{A+B}}$$

これをもとに，論理記号（NOT, NAND, NOR）を用いて回路を構成すると，下図のようになり，1つのNOT回路，1つのNAND回路，および2つのNOR回路で実現できる．すなわち，MOSFETの必要数は，14個に減少する．

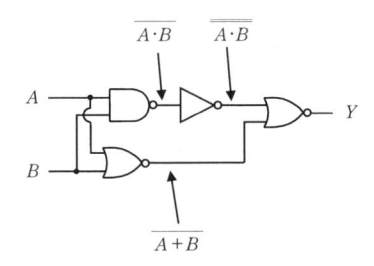

基本 3 フラッシュメモリのメモリセル（メモリの構成単位）は，1つの浮遊ゲートMOSFETで構成できる．一方，DRAMおよびSRAMでは，それぞれ，1つのMOSFETと1つのキャパシタ，および6つのMOSFETが必要である．したがって，フラッシュメモリは，DRAMやSRAMに比べ，高集積化に適している．しかし，情報書き込みには，ホットエレクトロン効果やファウラー–ノルトハイムトンネル効果を利用して浮遊ゲートに電子を注入する必要がある．したがって，DRAMやSRAMと比べ，高電圧印加が必要であり，書き込み速度が遅いなどの欠点も有している．以上の特徴から，フラッシュメモリは，大容量メモリとして，さまざまな記憶装置に広く利用されている．

発展 1 電子回路の信頼性は，個別部品（トランジスタ，ダイオード，抵抗，コンデンサ，コイル），およびそれらの接続点の信頼性で決定される．半導体の電気的性質は不純物にきわめて敏感であることから，トランジスタは不純物を十分に制御した高品質材料を用いて，汚染や塵埃のないクリーンルームで作製される．

LSIでは受動部品（抵抗，コンデンサ，コイル）や接続点もクリーンルームのなかで，トランジスタと同じ材料およびプロセスを用いて作製される．したがって，受動部品を個別につくり，それらとトランジスタをプリント基板上ではんだ付けを用いて接続する従来型の電子回路に比べて信頼性は飛躍的に向上した．この信頼性の向上が大型計算器などの複雑なシステムの実現を可能とした一要因である．

次に経済性の向上に関して説明する．LSI性能の高度化（高集積化・高速動作化・低消費電力化）を目指してトランジスタを微細化する研究開発が国内外で進められていることはすでに何度か言及した．このトランジスタの微細化，すなわち電子回路の小型化とは，1枚のSiウェーハから取得できるLSIチップ数の増大に他ならない．不純物導入，回路パターンの転写，およびリソグラフィーなどLSI製造で用いられるプロセスの多くはトランジスタの微細化にはあまり依存してこなかった．したがって，電子回路の小型化によりLSIのチップ当たり単価は低減し，経済性は向上した．

Siウェーハの直径増大もチップ当たり単価を低減する重要な要因である．以上を背景とし，LSIの研究開発はトランジスタの微細化とウェーハ直径の増大とを目指して進められてきたといってもよい．

索　引

欧　文

CMOS インバータ回路　82
DRAM　84
E/D 型 n-MOS インバータ回路　81
IC　76
LSI　59, 71, 76
MIS 構造　59
MOS 型電界効果トランジスタ　66
MOS 構造　59
npn 構造　46
n 型半導体　12
n 型不純物　67
n チャネル MOSFET　67
pn 積一定の法則　17
pn 接合　28
pnp 構造　46
PROM　86
p 型半導体　13
p 型不純物　67
p チャネル MOSFET　67
RAM　84
ROM　84
SRAM　85
ULSI　78
VLSI　78
V_{th} の制御　67

ア　行

アインシュタインの関係　24
アクセプタ不純物　13, 67
アナログ LSI　78
アナログ-ディジタル変換器　79
アーリー効果　57, 99
α 遮断周波数　53, 55

イオン化不純物散乱　21
移動度　21, 22, 55, 73
インバータ回路　80

エネルギーギャップ　5
エネルギー準位　3
エネルギーバンド　4, 5, 7, 59
エミッタ　45
エミッタ接地増幅回路　55
エミッタ注入効率　49, 52
エミッタホロワ回路　56
エンハンスメント型トランジスタ　67

オペアンプ　79
オーミック接触　41
オームの法則　69

カ　行

外因性半導体　12
階段接合　35
拡　散　22, 28, 48
拡散係数　23, 49
拡散長　33, 45
拡散電位　29, 46
拡散電流　22, 31
拡散方程式　31, 33, 55
片側階段接合　37
価電子帯　4, 28
ガン効果　9
間接遷移型半導体　8
貫通電流　82

揮発性メモリ　84
基本論理演算　79
逆電圧降伏　38
逆バイアス　30, 41, 46

逆方向飽和電流　34,48
キャッシュメモリ　86
キャリヤ　11,20
キャリヤ密度　18
キャリヤ連続の式　25,31
共有結合　11
許容帯　4
禁制帯　4
禁制帯幅　5

空間電荷領域　28,40
空乏状態　60,62
空乏層　28,46,62
空乏層幅　35,36,64
空乏層容量　37
クーロン相互作用　21

ゲート　60,66
ゲート酸化膜容量　64
ゲート絶縁膜　73
原子モデル　2

格子散乱　21
格子振動　8
降伏電圧　38
コレクタ　45
コレクタ接地増幅回路　56
コレクタ増倍率　49
混晶半導体　10

サ 行

再結合　24,47
最小項　104
サイリスタ　58
Ⅲ-Ⅴ族半導体　6
散乱確率　21
しきい値電圧　63,64,66,72,82,87
しきい値ばらつき　72
シーケンシャルアクセスメモリ　84
仕事関数　39
集積回路　76

自由電子　5,11
自由電子密度　20
周波数依存性　53
順バイアス　30,41,46
消去可能プログラム可能リードオンリーメモリ　86
少数キャリヤ　13,47
状態密度　13
衝突緩和時間　20
消費電力　71,82
ショットキー障壁　40
ショットキー接触　39
ショットキーダイオード　41
シリコンサイクル　77
真空準位　39
真性半導体　11,15
真性フェルミ準位　15
真性領域　18
真理値表　79

スイッチング特性　67,73
スケーリング　71,73,77
スタティックランダムアクセスメモリ　78

制御ゲート　86
正　孔　8,11
整流回路　34
整流特性　31
絶縁体　1
接合型電界効果トランジスタ　75
接合深さ　73
閃亜鉛鉱型構造　6
線型領域　69

相互コンダクタンス　71
相補型MOSインバータ回路　82
素演算系　80
ソース　66

タ 行

ダイオード　31
大規模集積回路　59,71,76

索　引

ダイナミックランダムアクセスメモリ　78
ダイヤモンド型構造　6
太陽電池　43
多数キャリヤ　13,47
短チャネル効果　72

遅延時間　72
蓄積状態　60,61
蓄積層　61
チャネル　67
チャネルドーピング　67
中性不純物散乱　22
注　入　30,47
超大規模集積回路　77
超々大規模集積回路　78
直接遷移型半導体　8

ツェナー降伏　38
ツェナーダイオード　38
強い反転　63

抵抗負荷型 n-MOS インバータ回路　80
抵抗率　1,21
ディジタル LSI　78
ディジタル-アナログ変換器　79
ディジタル信号プロセッサ　78
低消費電力動作　82
定電圧ダイオード　38
デプリーション型トランジスタ　67
電位障壁　29
電界一定の比例縮小則　71
電界効果トランジスタ　59
電荷結合素子　75
電荷中性条件　62
電荷面密度　64
電気素量　2
電気的消去可能プログラム可能リードオン
　　リーメモリ　86
電気二重層　28
電　極　41
電　子　1
電子親和力　39
電子・正孔対　24

電子・正孔対生成　11
電子波　6
伝導帯　4,28
電流増幅率　48
電流密度　24
電流利得　56

導　体　1
導電率　21
ドナー準位　18
ドナー不純物　12,18,67
ド・モルガンの法則　80
トランジスタ　45
トランジスタ論理回路　78
ドリフト　20,48
ドリフト速度　20
ドレイン　66
ドレイン電流　68
トンネル効果　38,87
トンネル電流　73

ナ　行

なだれ降伏　38
なだれ増倍　87

ニュートン方程式　6

ノーマリオフ型トランジスタ　67
ノーマリオン型トランジスタ　67

ハ　行

バイアス印加条件　45
排他的論理和　89
バイポーラトランジスタ　24,45
発光ダイオード　8
バッファメモリ　86
波動関数　6
反転状態　61,63
反転層　63,66
半導体　1

光デバイス 8
ビット線 85
否定 79
ヒューズ式 PROM 86
表面準位 59
表面電位 61
ピンチオフ状態 69
ピンチオフ点 70
ピンチオフ電圧 69

ファウラー–ノルトハイムトンネル効果 87
フェルミ準位 14,15,28
フェルミ–ディラック分布関数 13
フォトダイオード 43
不揮発性メモリ 84
不純物 1
負性抵抗 27
浮遊ゲート 86
浮遊ゲート MOSFET 86
ブラウン運動 20
フラッシュメモリ 79,86
フラットバンド状態 60
プランク定数 3
フリップ・フロップ回路 85
ブール代数 79
プログラム可能リードオンリーメモリ 86

平均自由時間 20
ベース 45
ベース接地回路 46,48
ベース接地増幅回路 55
ベース接地電流増幅率 49,52,53
ベース幅 45,49
ベース輸送効率 49,52
ヘテロ接合 43
ヘテロバイポーラトランジスタ 58

ポアソン方程式 28,35,62
飽和電流 30,34
飽和領域 18,70
ホットエレクトロン 87
ボルツマン定数 14

ボルツマン分布 16

マ 行

マイクロプロセッサ 78
マスク式リードオンリーメモリ 86

ムーアの法則 78

メモリ LSI 78,84

漏れ電流 73

ヤ 行

有効質量 7,8
有効質量近似 7
有効状態密度 16

容量–ゲート電圧特性 64,65
IV族半導体 6,11

ラ 行

ランダムアクセスメモリ 84

理想 MOS 構造 60
リードオンリーメモリ 84,86
リフレッシュ動作 85
量子化条件 3
量子数 3

レーザ 8

論理 LSI 78,79
論理回路 80
論理積 79
論理和 79

ワ 行

ワード線 85

著者略歴

宮尾正信（みやおまさのぶ）

- 1947年　大阪府に生まれる
- 1974年　大阪大学大学院基礎工学研究科博士課程修了
　　　　　日立製作所中央研究所勤務，電子デバイス研究部長等を歴任
　　　　　この間，オランダ国立FOM原子分子研究所客員研究員
　　　　　（1984年）
- 1999年　九州大学大学院システム情報科学研究院教授
　　　　　現在に至る（工学博士）

佐道泰造（さどうたいぞう）

- 1967年　東京都に生まれる
- 1995年　九州大学大学院工学研究科博士課程修了
- 1996年　九州大学大学院システム情報科学研究科助教授
- 2007年　九州大学大学院システム情報科学研究院准教授
　　　　　現在に至る（博士（工学））

電気電子工学シリーズ 5

電子デバイス工学

定価はカバーに表示

2007年11月25日　初版第1刷
2023年 1月20日　第11刷

著者	宮　尾　正　信
	佐　道　泰　造
発行者	朝　倉　誠　造
発行所	株式会社 朝倉書店

東京都新宿区新小川町 6-29
郵便番号　162-8707
電話　03(3260)0141
FAX　03(3260)0180
https://www.asakura.co.jp

〈検印省略〉

© 2007〈無断複写・転載を禁ず〉　　　　Printed in Korea

ISBN 978-4-254-22900-4　C 3354

JCOPY　〈出版者著作権管理機構　委託出版物〉

本書の無断複写は著作権法上での例外を除き禁じられています．複写される場合は，そのつど事前に，出版者著作権管理機構（電話 03-5244-5088，FAX 03-5244-5089，e-mail: info@jcopy.or.jp）の許諾を得てください．

〈電気電子工学シリーズ〉

岡田龍雄・都甲　潔・二宮　保・宮尾正信
［編集］

JABEEにも配慮し，基礎からていねいに解説した教科書シリーズ

［A5判　全17巻］

1	電磁気学	岡田龍雄・船木和夫	192頁
2	電気回路	香田　徹・吉田啓二	264頁
3	電子材料工学概論	江崎　秀・松野哲也	〈続刊〉
4	電子物性	都甲　潔	164頁
5	電子デバイス工学	宮尾正信・佐道泰造	120頁
6	機能デバイス工学	松山公秀・圓福敬二	160頁
7	集積回路工学	浅野種正	176頁
8	アナログ電子回路	庄山正仁	〈続　刊〉
9	ディジタル電子回路	肥川宏臣	180頁
10	計測工学	林　健司・木須隆暢	〈続　刊〉
11	制御工学	川邊武俊・金井喜美雄	160頁
12	エネルギー変換工学	小山　純・樋口　剛	196頁
13	電気エネルギー工学概論	西嶋喜代人・末廣純也	196頁
14	パワーエレクトロニクス	二宮　保・鍋島　隆	〈続　刊〉
15	プラズマ工学	藤山　寛・内野喜一郎・白谷正治	〈続　刊〉
16	ディジタル信号処理	和田　清	〈続　刊〉
17	ベクトル解析とフーリエ解析	柁川一弘・金谷晴一	180頁